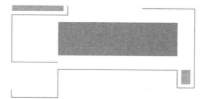

要么你去驾驭生命，要么是生命驾驭你。你的心态决定谁是坐骑，谁是骑师

· 改变心态就能改变人生 ·

好心态

成就好人生

心态主宰着你的健康、幸福、财富乃至事业的成功。

宿春礼　编著

光明日报出版社

图书在版编目（CIP）数据

好心态成就好人生 / 宿春礼编著 . -- 北京：光明日报出版社，2012.1
（2025.4 重印）

ISBN 978-7-5112-1885-8

Ⅰ . ①好… Ⅱ . ①宿… Ⅲ . ①人生哲学—通俗读物 Ⅳ . ① B821-49

中国国家版本馆 CIP 数据核字 (2011) 第 225328 号

好心态成就好人生

HAO XINTAI CHENGJIU HAO RENSHENG

编　　著：宿春礼

责任编辑：李　娟　　　　　　　　　　责任校对：张荣华
封面设计：玥婷设计　　　　　　　　　责任印制：曹　净

出版发行：光明日报出版社

地　　址：北京市西城区永安路 106 号，100050

电　　话：010-63169890（咨询），010-63131930（邮购）

传　　真：010-63131930

网　　址：http://book.gmw.cn

E - mail: gmrbcbs@gmw.cn

法律顾问：北京市兰台律师事务所龚柳方律师

印　　刷：三河市嵩川印刷有限公司

装　　订：三河市嵩川印刷有限公司

本书如有破损、缺页、装订错误，请与本社联系调换，电话：010-63131930

开　　本：170mm×240mm

字　　数：205 千字　　　　　　　　　印　　张：15

版　　次：2012 年 1 月第 1 版　　　　印　　次：2025 年 4 月第 4 次印刷

书　　号：ISBN 978-7-5112-1885-8-02

定　　价：49.80 元

［ 前　言 ］

在忙碌的人群中，有的人珠光宝气，腰缠万贯；有的人灰头土脸，衣衫褴褛；有的人健康快乐；有的人赢弱忧郁……到底是什么原因让人与人之间产生如此明显的差距？

为何有些人能靠自己的拼搏去开创新的局面，能像心理大师一样不断调整自己，找到自己失败的关键点，一步步朝着成功之路靠近？为何有些人遇到生活的难题只会唉声叹气，心乱如麻，坐卧不安，结果在自怨自艾中丧失了最良好的时机？

难道成功者都是天生的吗？难道高智商就等于前途无量吗？难道精湛的技能就代表金牌和奖状吗？其实，只要稍加思考，我们就可以打消种种疑问，因为任何时候，我们都不能忽视成就人生的一个关键因素——心态。

何谓心态？这也许是一个复杂的问题。心态既是"人生得意须尽欢，莫使金樽空对月"的潇洒达观，也是"仰天大笑出门去，我辈岂是蓬蒿人"的昂扬自信；既是"老夫喜作黄昏颂，满目青山夕照明"的知足乐观，也是"莫等闲，白了少年头，空悲切"的奋进自勉……可以说，心态是支撑一个人所想所感、所作所为的意念。

一位哲人说："你的心态就是你真正的主人。"一位伟人说："要么你去驾驭生命，要么是生命驾驭你。你的心态决定谁是坐骑，谁是骑师。"佛说，物随心转，境由心造，烦恼皆由心生。一个人有什么样的精神状态就会产生什么样的生活现实，由是歌德曾经说过："人之幸福在于心之幸福。"

任何事物都有两面性，心态也不例外。积极健康的心态会让你乐观进步，积极向上，让生活、工作、人际关系等都是和谐的；而消极灰暗的心态则会让你悲观失望，忧虑烦恼，让前途随之黯然无光。

人们对成功的追求就像一次远行，旅途中有数不尽的坎坷波折，也有看

1

不完的春华秋实。如果我们的一颗心总是被灰黄的风沙所遮盖，如果我们干涸了心泉，黯淡了阳光，失去了斗志，那么我们的人生岂能美好？相反，如果我们能保持阳光的心态，即使我们身处险境，四面楚歌，也能化险为夷，转危为安。

尽管每个人的人生际遇不同，但命运对每个人都是公平的。外面的世界有泥泞也有星空，就看你能否用自己的心，透过岁月的风尘寻觅到辉煌灿烂的星空。

成败有时相距只有一步之遥，转换也只在一念之间。不经意间也许我们已经站在人生的边缘，向前一步是光明坦途还是万丈深渊，取决于你抱着什么样的心态去对待。

心态决定成败。成功需要健康的心态，没有积极的心态，成功早晚会出现纰漏，甚至坍塌。海伦·凯勒又盲又聋心中依然有梦，这都是健康的心态所起的作用。

生命的价值可以重若泰山，也可以轻如鸿毛，关键在于你如何选择。

我们正处于知识爆炸的时代，竞争的激烈加重了工作和生存的压力。我们将以怎样的心态面对种种高压，将以何种心境战胜自身的弱点，保持身心的健康？答案不言而喻。积极的心态如钟摆，能以一种和谐的方式牵动我们回到主动自发的方位上去。培养一种灵性与慧悟的心态，能为我们插上飞向成功的翅膀。

基于此，本书综合了人生中一些成功的经验和失败的教训，归纳出成就人一生的良好心态。在阐述这些心态时，我们摒弃空洞的说教，而用大量生动有趣、富有哲理性的故事，深入浅出地向你娓娓道来，让你在轻松的阅读中获得心灵的启悟与升华。

开卷有益，相信此书会给各位读者带来震撼，并让你的心智在沉淀中更加成熟起来。当你真正领悟本书的内容后，你会懂得：如果你不愿意，谁也不能让你感到挫败和彷徨。相信你拥有这些积极心态，你就会拥有一个成功的人生。正如威廉·詹姆斯所言："这一代最伟大的发现是，人类若改变本身的心态，就能使生活发生变革。"

［ 目 录 ］

目 录

专注更容易成功 ·· **219**

　　世界上没有任何可以坐享其成的事情，凡事若要想取得成功，就必须脚踏实地去做。成就一生最根本的一条法则就是，把精力集中在所做的事情上，想办法把事情做好，而不去理会那些与事情无关的东西。

没有任何借口

许多杰出的人都富有开拓和创新精神，他们绝不在没有努力的情况下就事先找好借口；而那些失败的人之所以陷入失败，是因为他们总是找出种种借口为自己开脱。平庸的人之所以沦为平庸，是因为他们总是搬出种种理由来欺骗自己；而成功的人，头脑中只有"想尽一切办法"来解决困难，绝不找半点借口让自己退缩。没有任何借口，是每个成功者走向成功的通行证。

我们可能都听到过这样一则故事：

在古老的原始森林，阳光明媚，鸟儿欢快地歌唱，辛勤地劳动，在这些鸟儿之中有一只叫作寒号鸟的小鸟，它有着一身漂亮的羽毛和嘹亮的歌喉，更是到处游荡卖弄自己的羽毛和嗓子。看到别人辛勤地劳动，反而嘲笑不已。好心的鸟儿提醒它："寒号鸟，快垒个窝吧！不然冬天来了怎么过呢？"

寒号鸟轻蔑地说："冬天还早着呢，着什么急呢！趁着今天大好时光，快快乐乐地玩玩吧！"

就这样，日复一日，冬天眨眼就到来了。鸟儿们晚上都在自己暖和的窝里安详地休息，而寒号鸟却在夜间的寒风里，冻得瑟瑟发抖，用美丽的歌喉悔恨过去，哀叫未来："哆罗罗，哆罗罗，寒风冻死我，明天就垒窝。"

第二天，太阳出来了，万物苏醒了。沐浴在阳光中，寒号鸟好不得意，完全忘记了昨天晚上的痛苦，又快乐地歌唱起来。

有鸟儿劝它："快垒窝吧！不然晚上又要发抖了。"

寒号鸟嘲笑地说："不会享受的家伙。"

晚上又来临了，寒号鸟又重复着昨天晚上一样的故事。就这样重复了几个晚上，大雪突然降临，鸟儿们奇怪寒号鸟怎么不发出叫声了呢？太阳一出来，大家寻找一看，寒号鸟早已经被冻死了。

这虽然是一则小故事，可是它的寓意却是十分深刻的，它讲明了在人的一生中，不找借口，不拖延将是多么重要。

我们始终要牢记，今天才是你最应该抓紧去完成工作的时间；总是给自己的拖延找借口，寄希望于明天的人，永远只是一事无成的人，到了明天，后天也就成了明天，一而再，再而三，事情永远没有完结的一天。

如果你总是把问题留到明天，那么，明天就是你的失败之日，同样，如果你计划一切从明天开始，你也将失去成为行动者的所有机会。请记住，明天只是你愚弄自己的借口。

所以，你还在等什么呢？今天就付诸实际行动吧！永远不要做现实中的寒号鸟，赶快在寒冬未来临之前给自己垒一个温暖舒适的窝。

借口是滋生问题的根源

不要迟疑，不要等待，用积极的心态去行动，达到理想的境地。

——史蒂文·莱特

生活、工作和学习中，你是否常常看到这样一些借口：

如果上班迟到了，会有"路上堵车"、"手表慢了"的借口；考试不及格，又会有"出题太偏"、"复习不到位"、"题量太大"的借口；工作完不成，则有"工作太繁重"的借口……只要细心去找，借口总是有的，而且以各种各样的形式存在着。许多人的失败，也是因为这些借口。当我们碰到困难和问题时，只要去找借口，也总是能找到的。不可否认，许多借口也是很有道理的，但是恰恰就是因为这些合理的借口，人们心理上的内疚感才会减轻，汲取的教训也就不会那么深刻，争取成功的愿望就变得不那么强烈，人也就会疏于努力，成功当然与我们擦肩而过了。

仔细想想，很多时候我们的失败不就是与找借口有关吗？不愿意承担责任，处处为自己开脱，或是大肆抱怨、责怪，认为一切都是别人的问题，自己才是受害者……

好心态成就好人生

这样找借口的人往往把所有问题都归结在别人身上——"为什么我没有成功？那是因为工作不好，环境不好，体制不好。""为什么我生活得不好？那是因为家庭不好，朋友不好，同事不好。""为什么我会迟到？那是因为交通拥挤，睡眠不好，闹钟出了问题。"……可以想到，一旦有了"借口"，似乎就可以掩饰所有的过失和错误，就可以逃避一切惩罚。

但是，这样不断地找无谓的借口，你永远也不可能改进自己。相反，你不断地找借口，糟糕的结果也就不断地发生，你的生活也就会不断地出现恶性循环。

所以，首先要改变的是自己的态度，由此才能实现良性循环，如果你是一个富有责任感的人，就不会轻易便为自己找借口，因为你知道借口不能解决任何问题。

你改变不了天气，但是，你可以调整自己的着装；你改变不了风向，却能调整你的风帆；你改变不了他人，却可以改变你自己。所以，面对困难可以调整内在的态度和信念，通过积极的行动，消除一切想要寻找借口的想法和心理。成为一个勇于承担责任的人，不抱怨、不责怪、不为失败找借口的人。

应当对自己说："所有的问题都是我的问题，学习不好——我的问题，工作不好——我的问题，生活不好——我的问题。"你是生活的主人——必须有这样的认知，并以此来激励自己。

要知道，成功也是一种态度，常常找借口的人是很难获得成功的。你尽可以悲伤、沮丧、失望、满腹牢骚，尽可以每天为自己的失意找到一千一万个借口，但结果是你自己毫无幸福的感受可言。你需要找到方法走向成功，而不要总把失败归于别人或外在的条件。因为成功的人永远在寻找方法，失败的人永远在寻找借口。

"没有任何借口"，让你没有退路，没有选择，让你的心灵时刻承载着巨大的压力去拼搏，去奋斗，置之死地而后生；只有这样，你内在的潜能才会最大限度地发挥出来，成功也会在不远的地方向你招手！

成功的人不会随便寻找任何借口，他们会坚毅地完成每一项简单或复杂的任务。一个成功的人就是要确立目标，然后不顾一切地去追求目标，并且充分发挥集体的智慧力量，最终完成目标，取得成功。

所以我们应该拒绝借口。用决心、热心、责任心去对待生活。永远坚持百折不挠的挑战精神和没有任何借口的心态；奋斗，失败，再奋斗，再失败，再奋斗……直至最终的成功，这也是成功的一项法则。

借口是拖延的温床

只有把目标和行动有机结合起来，才有可能成为一个成功之人。

——约翰·沃森

生活中，你搁置了多少想法、多少梦想、多少计划，这一切都源于你的决定没有坚决地付诸行动。而你又为自己的拖延找到了借口这张温床。所以，人生在世，我们要不找借口地活着。不找借口，就意味着拒绝拖延，今天的事今天做。

借口是拖延的温床，当你告诉自己"这件事可以缓一缓"，"我今天已经做了很多事，可以奖励自己放松一下了"，"明天什么事也没有，不如明天做"，"今天天气很难得，不能待在屋里"的时候，要注意了，你已经滋生了拖延的习惯。

如果你是个办事拖拉的人，你大概在浪费大量的宝贵时间。这种人花许多时间思考要做的事，担心这个担心那个，找借口推迟行动，又为没有完成任务而悔恨。在这段时间里，他们本来能完成任务而且早应转入下一个环节了。

所以，一定要找到可以有效对付拖拉作风的方法：

（1）确定一项任务是否非做不可

当我们感觉一项任务不重要，做起来自然会拖拖拉拉，若是这项任务真的不重要，就立刻取消它，而不是既拖延又后悔。有效分配时间的重要一环，是取消可有可无的任务。应该从你的日程表中把乱糟糟的东西清除。

（2）把任务委托给其他人

有时候，任务是能完成的，但是你不喜欢做。你不愿意可能与你的兴趣或专长有关，这时如果你把任分委托给一个比你更适合做、更乐意做的人，你和他就都成了赢家。

（3）确定好处与优势，立即行动起来

我们往往因为看不到完成一项任务有什么好处而拖拖拉拉。也就是说，

我们做这项任务时付出的代价似乎高于做完之后得的好处。应付这个问题的最佳办法是从你的目标与理想的角度来分析这个任务。如果你有个重大目标，那你就比较容易拿出干劲去完成有助于你达到目标的任务。

（4）养成好习惯

许多人的拖延已经成了习惯。对于这些人，一切理由都不足以使他们放弃这个消极的工作模式去完成一项任务。如果你有这个毛病，你就要重新训练自己，用好习惯来取代拖延的坏习惯。每当你发现自己有拖沓的倾向时，静下心来想一想，确定你的行动方向，然后给自己提一个问题："我最快能在什么时候完成这个任务？"定出一个最后期限，然后努力遵守。渐渐地，你的工作模式会发生变化。

"快！快！快！为了生命加快步伐！"这句话常常出现在英国亨利八世统治时代的留言条上以警示人们，旁边往往还附有一幅图画，上面是没有准时把信送到的信差在绞刑架上挣扎。当时还没有邮政事业，信件都是由政府派出的信差发送的，如果在路上延误就会被处以绞刑。

"明天"是魔鬼的座右铭。整个历史长河中不乏这样的例子，很多本来智慧超群的人，留下的仅仅是没有实现的计划和半途而废的方案。对懒散的人来说，明天是他们最好的搪塞之词。

有两句充满智慧的俗语说得好：一句是"趁热打铁"，另一句是"趁阳光灿烂的时候晒干草"。

很少有人注意到自己通常在什么时候比较懒散倦怠。有的人是在晚饭后，有的人是午饭后，还有的在晚上 7 点钟以后就什么都不想干了。每个人一天的生活往往都有一个关键时刻，如果这一天不想白过的话，一定不要浪费这个时刻。对大多数人而言，早晨几小时往往是这一天会不会过得充实的关键时刻。

拖延是一种疾病，对那些深受拖延之苦的人来说，唯一的办法就是做出果断的决定。否则，这一疾病将成为摧毁胜利和成就的致命武器。通常来说，爱拖延的人就是失败的人。

不找借口是一种生活理念

一心想着享乐，又为享乐找借口，这就是怠惰。

——比尔·盖茨

任何一个社会似乎都存在两种人：成功者和失败者。根据二八法则，20%的人掌握着社会中80%的财富。什么原因让少数人比多数人更有力量？因为多数人都在找借口。20和80的区别在于：一种是不找任何借口做事情的人；另一种是光说不练，还整天找借口为自己开脱的人。

"我本来可以，但是……"

"我也不想，可是……"

"是我做的，但这不是我的错"

"我本来以为……"

在现实生活中，我们经常会听到这一类的借口，我们缺少的正是想尽办法去完成任务，不找借口的人。

美国人常常讥笑那些随便找借口的人说，"狗吃了你的作业"。借口是拖延的温床，习惯性的拖延者通常也是制造借口的专家，他们每当要付出劳动或做出抉择时，总会找出一些借口来安慰自己，总想让自己轻松一些、舒服一些。借口是推卸责任的表现，也是转嫁责任的方式，可以为自己制造一个安全的角落。这样的人，不可能成为企业称职的员工，在社会上也不会是值得大家信赖和尊重的人。

《把信送给加西亚》中的罗文具有一种强烈的敬业精神，值得国人认真学习。然而敬业并非只是一个简单的技巧问题，它首先是一个如何做人的问题。真正的敬业精神是基于对自我和他人的尊重，对事业和生活的热爱，对梦想和成功的渴望。对一个企业来说，只要员工具有敬业、负责的工作态度，用心做事，扎扎实实、积极主动、不找任何借口地去做事，员工就能实现最大的个人价值，企业就拥有最完美、最坚强的执行力，就有实力在市场竞争中迎风激浪、无往不胜。

"没有任何借口"是美国西点军校200年来奉行的最重要的行为准则，是西点军校传授给每一位新生的第一理念。它强化的是每一位学员想办法去完成任何一项任务，而不是为没有完成任务去寻找借口，哪怕是看似合理的借口。秉承这一理念，无数西点毕业生在人生的各个领域都取得了非凡的成就。西点军校在培养大批军事家的同时，它还为美国培养和造就了众多的政治家。不仅在美国军政两界，而且已经有越来越多的西点毕业生开始在美国商界崭露头角。这些成功的商界人士都一致肯定，在西点军校培训的经历是帮助他们担任商界领导的重要法宝之一，虽然当时所学的知识主要是军事项目，但西点军校对人的性格、纪律、毅力的塑造是十分成功的。

事业的成功说到底来自于人的能力（尤其是创造力）的真正的发挥，而所有的工作归根到底也无非是对他人的服务，对自我生命价值的体现。因此，不找借口并不仅仅是一种工作态度，更重要的是，它是一种生活理念。在你人生的方方面面，你都应该信守这一理念，唯有如此，你才可能获得一种成功而又幸福的生活。

"借口"是人们回避困难、敷衍塞责、冷漠消极的"挡箭牌"，是不肯自我负责的表现，是一种缺乏自尊的生活态度的反映。怎样才能不再找借口，并不是学会说"报告，没有借口"就足够了，而是按照生活真实的法则去生活，重新寻回你与生俱来但又在成长过程中失去的自尊和责任感。

■ 放弃借口是负责的选择

我们无法掌握整个社会的方向，但千万不要以此为借口，因为我们可以掌握自己的想法。

——戴尔·卡耐基

一个人能完全控制的东西只有自己的意志和行动。理解了这一点，你的心灵就获得了释放。人与动物的不同在于动物靠本能生活，而人却不同——上帝赋予了我们自由选择的意志。有了选择的权利，你就不再因无所事事而痴心妄想了，而是努力奋斗并对前途满怀憧憬；而且你也会不再有任何借口地发挥自己与生俱来的天资和后天学习的技能。

马克·吐温说："习惯就是习惯，你不能一下子把它扔出窗外，却可以一步一步把它滚下楼梯。"当你在摆脱老借口的同时也要避免制造新的借口。不找借口的生活会使你远离那些阻碍你前进的消极心态。

记住，不管你要什么样的成功，只要你在努力实现它，你就是成功者。然后你就可以去追求一个更大、更让人兴奋不已的梦想了！这都是你人生旅途的一部分；是一个在前进的过程中逐步实现梦想的过程。你对成功的定义可能会跟别人的不同。你获得幸福的方式也可能有别于他人，这都没关系！幸福来自于内心，一个人感到幸福的事，另一个人可能感觉不到。

不管做什么，你很可能每天都有一个常规。不找借口的生活就像一个封口的圆圈。如果你不能将成功阶梯上的所有步骤综合掌握，你的幸福、圆满和目的性就会大打折扣。当你不会合理安排生活而导致失败时，你怎么可以抱怨没有足够的时间呢？如果别人的误解以至于不能跟你共事，可能是由于你的不善沟通造成的，你怎么可以责怪别人呢？

任何时候当你有一件事想去做而同时又有一个借口不想去做时，你就应该静心考虑一下了。告诉自己，你对自己的决定负责，你会发现那些借口和事情本身都是毫不相干的。既然你是不找借口的人，那么请你把完全自我负责作为你的一个主要目标。

有了目标你还会不计结果为自己的决定不负责任吗？你的决定会为你自己及周围的人带来重要的影响，当你为此负责的时候，不管你有没有收到理想的结果，你都会从这个经历中获得成长的滋养。

当你拥有做事不找借口的习惯时，你实际上是成立了自己的"独立国"。

你完全可以宣布自己的"独立自主"。建议你在日记或是日历上写下日期和这样一句话："从今以后，我要更加自我负责、自信自强。从此以后，我要不找任何借口行使自己追求自由和幸福的权利。"当你真的履行以上的决定时，你就能拥有你想要的生活了。

■ 不为失败找借口

失败后，要诚实地对待自己，这是最关键的。只有坦率地处理好为什么失败这个问题，才能使失败成为成功之母。

——海厄特

好心态成就好人生

失败者的借口是最可怜的。任何一个人在人生的道路上，会遇到挫折。从挫折中汲取教训，是迈向成功的踏脚石。真正的失败是犯了大错，却未能及时从中汲取有用的经验教训。当我们观察成功人士时，会发现他们的背景都不相同。那些大公司的成功员工和经理，他们都经历过艰难困苦的阶段。

世上大概只有三种人，我们姑且将他们称为先生，那么这三位先生分别是"平凡"先生，"失败"先生和"成功"先生。把每一个"失败"先生拿来跟"平凡"先生以及"成功"先生相比，你会发现，他们各方面（包括年龄、能力、社会背景、国籍，以及任何一方面）都很可能相同，只有一个例外，就是对遭遇挫折的反应不同。

当"失败"先生跌倒时，就无法爬起来了，他只会躺在地上怨天尤人。

"平凡"先生会跪在地上，准备伺机逃跑，以免再次受到打击。

但是，"成功"先生的反应跟他们不同。他被打倒时，会立即反弹起来，同时会汲取这个宝贵的经验，继续往前冲刺。

或许我们每个人都希望自己是一位"成功"先生，那么你要做的第一件事情就是马上停止诅咒命运，因为诅咒命运的人永远得不到他想要的任何东西！

拿破仑·希尔深知，成功就是一连串的奋斗。他曾经讲了一个故事：他最要好的朋友是个非常有名的管理顾问。一走进朋友的办公室，你就会觉得他仿佛"高高在上"似的。

办公室内各种豪华的装饰、考究的地毯、忙进忙出的人潮以及知名的顾客名单都在告诉你，他的公司的确成就非凡。

但是，就在这家鼎鼎有名的公司背后，藏着无数的辛酸血泪。他创业之初的头 6 个月就把 10 年的积蓄用得一干二净，一连几个月都以办公室为家，因为他付不起房租。他也婉拒过无数好的工作，因为他坚持实现自己的理想。

就在整整 7 年的艰苦挣扎中，没有人听他说过一句怨言，他反而说："我还在学习啊。这是一种无形的、捉摸不定的生意竞争，很激烈，实在不好做。但不管怎样，我还是要继续学下去。"

他真的做到了，而且做得轰轰烈烈。

有一次有人问他："把你折磨得疲惫不堪了吧？"他却说"没有啊！我并不觉得那很辛苦，反而觉得得到了受用无穷的经验。"看看《美国名人榜》就知道，那些功业彪炳千秋的伟人，都受过一连串的无情打击，只是因为他们都坚持到底，才终于获得辉煌成果。

拿破仑·希尔所讲的故事告诉我们天下没有不劳而获的事情。如果能利用种种挫折与失败，来驱使你更上一层楼，那么一定可以实现你的理想。

许多大学的教授们都知道，从学生对于成绩不及格的反应可以推测他将来的成就。拿破仑·希尔在大学授课时，曾把毕业班的一个学生的成绩打了个不及格，这个打击对那学生很大，因为他早已做好毕业后的各种计划，现在不得不取消，真的遗憾。他只有两条路可走：第一是重修，下年度毕业时才拿到学位。第二是不要学位，一走了之。

在知道自己不及格时，他很失望，甚至对拿破仑·希尔不满。他最后去找拿破仑·希尔理论。拿破仑·希尔说他的成绩太差以后，他自己也承认对这一科下的功夫不够。但是，他继续说：我过去的成绩都在中等水平以上，你能不能通融一下，重新考虑呢？

拿破仑·希尔明确表示办不到，因为这个成绩是经过多次评估才决定出来的。拿破仑·希尔又提醒他，学籍法禁止教授以任何理由更改已经送交教务处的成绩单，除非这个错误确实是由教授造成的。

知道真的不能改以后，他显然很生气。"教授，"他说，"我可以随便举出本市 50 个没有修过这门课照样成功的人，你这科有什么了不起！干吗让我因为这一科就拿不到学位？"

他发泄完了以后，拿破仑·希尔静默了大约 45 秒钟，他知道避免吵架的好方法就是暂停一下。然后拿破仑·希尔才对他说："你说的大部分都很对，确实有许多知名人物几乎不知道这一科的内容。你将来很可能不用这门知识就获得成功，你也可能一辈子都用不到这门课的知识，但是你对这门课的态度却对你大有影响。"

"你是什么意思？"他反问道。

拿破仑·希尔回答他说："我能不能给你一个建议呢？我知道你相当失望，我了解你的感觉，我也不会怪你。但是请你用积极的态度来面对这件事吧。这一课非常非常重要，如果不由衷地培养积极的心态，根本做不成任何事。请你记住这个教训，5 年以后就会知道，它是使你收获最大的一个教训。"

几天以后，拿破仑·希尔知道他又去重修时，真的非常高兴。这一次他的成绩非常优异。过了不久，他特地向希尔致谢，让希尔知道他非常感激以前的那场争论。

　　"这次不及格真的使我受益无穷，"他说，"看起来可能有点奇怪，我甚至庆幸那次没有通过。"我们都可以化失败为胜利。从挫折中汲取教训，好好利用，就可以对失败泰然处之了。

　　拿破仑·希尔还说，千万不要把失败的责任推给你的命运，要仔细研究失败的实例。如果你失败了，那么继续学习吧。可能是你的修养或火候还不够的缘故。世界上有无数人，一辈子浑浑噩噩，碌碌无为，他们对自己一生平庸的解释不外是"运气不好"、"命运坎坷"、"好运未到"。这些人仍然像孩子那样幼稚与不成熟，他们只想得到别人的同情，而没想过自己奋斗。由于他们这样的想法，所以他们才一直找不到使他们变得更伟大、更坚强的机会。

压力也是一种动力

一种动物如果没有对手，就会变得死气沉沉。同样，一个人如果没有对手，那他就会甘于平庸，养成惰性，最终导致庸碌无为。

很久以前，挪威人从深海捕捞的沙丁鱼，总是还没到岸边就已经口吐白沫，渔民们想了无数的办法，想让沙丁鱼活着上岸，但都失败了。

然而，有一条渔船总能带着活鱼上岸，他们带来的活鱼自然比死鱼的价格贵出好几倍。

这是为什么呢？这条船又有什么秘密呢？

原来，他们在沙丁鱼槽里放进了鲇鱼。鲇鱼是沙丁鱼的天敌，当鱼槽里同时放有沙丁鱼和鲇鱼时，鲇鱼出于天性会不断地追逐沙丁鱼。在鲇鱼的追逐下，沙丁鱼拼命游动，激发了其内部的活力，从而活了下来。

日本也有一个类似的故事。

日本的北海道盛产一种味道奇特的鳗鱼，海边渔村的许多渔民都以捕捞鳗鱼为生。鳗鱼的生命非常脆弱，只要一离开深海区，要不了半天就会全部死亡。

有一位老渔民天天出海捕捞鳗鱼，奇怪的是，返回岸边之后，他的鳗鱼总是活蹦乱跳。而其他捕捞鳗鱼的渔民，无论怎样对待捕捞到的鳗鱼，回港后全是死的。

由于鲜活鳗鱼的价格要比冷冻的鳗鱼贵出一倍，所以没几年工夫，老渔民一家便成了远近闻名的富翁。周围的渔民做着同样的事情，却一直只能维持简单的温饱。

后来，人们才发现其中的奥秘。原来鳗鱼不死的秘诀，就是在整仓的鳗鱼中放进几条狗鱼。

鳗鱼与狗鱼是出了名的死对头。几条势单力薄的狗鱼遇到成仓的对手，便惊慌地在鳗鱼堆里四处乱窜，这样一来，整船死气沉沉的鳗鱼被全部激活了。

这就是"鲇鱼效应"的由来，"鲇鱼效应"的道理非常简单，无非就是人们通过引入外界的竞争者来激活内部的活力。

自从"鲇鱼效应"的秘密被大家知道以后，已经被用到生活的各个方面……

生于忧患，死于安乐

忧患并非坏事，除非我们被忧患征服。

——金斯利

中国有句古话说"生于忧患，死于安乐"，意思是："人要有忧患意识！"用现代的流行语言来说，就是要有"危机意识"！

一个国家如果没有危机意识，迟早会出问题；一个企业如果没有危机意识，迟早会垮掉；一个人如果没有危机意识，也肯定无法取得新的进步。未来是不可预测的，而人也不是天天走好运的，就是因为这样，我们才要有危机意识，在心理上及实际作为上有所准备，好应付突如其来的变化！如果没有准备，别说应变，光是心理受到的冲击就会让你手足无措！有危机意识，或许不能把问题消弭，但却可把损害降低，为自己打开生路！

伊索寓言里有一则这样的故事：有一只野猪对着树干磨它的獠牙，一只狐狸见了，问它为什么不躺下来休息享乐，而且现在没看到猎人！野猪回答说：等到猎人和猎狗出现时再磨就来不及啦！

这只野猪就是有"危机意识"！

那么，个人应如何把"危机意识"落实在日常生活中呢？这可分成两方面来谈。

首先，应落实在心理上，也就是心理要随时做好接受、应付突发状况的准备，这是心理建设。有了心理准备，到时便不会慌了手脚。

其次，要保持自己的进取心，也就是不安于现状、不断超越自我的发展意识。唯有发展才是硬道理，才能使自己不断强大，可以应付各种危机。

在秘鲁的国家级森林公园，生活着一只年轻的美洲虎。

由于美洲虎是一种濒临灭绝的珍稀动物，全世界仅存 17 只，为了更好地保护这只珍稀的老虎，秘鲁人在公园中专门建造了一个虎园。这个虎园占地 20 平方公里，并有精心设计的豪华虎房。

虎园里森林茂密，百草芳菲，沟壑纵横，流水潺潺，并有成群人工饲养的牛、羊、鹿、兔供老虎尽情享用。凡是到过虎园参观的游人都说，如此美妙的环境，真是美洲虎生活的天堂。

然而，让人感到奇怪的是，从没人看见美洲虎去捕捉那些专门为他预备的活食；从没人见它王气十足地纵横于雄山大川，啸傲于莽莽丛林，甚至不见它像模像样地吼上几嗓子。与此相反，人们经常看到它整天待在装有空调的虎房里，或打盹儿，或耷拉着脑袋，睡了吃、吃了睡，无精打采。

有人说它也许太孤独了，若有个伴儿，或许会好些。于是，秘鲁政府通过外交途径，从哥伦比亚租来一只母虎与它做伴，但结果还是老样子。

有一天，一位动物学家到森林公园来参观，见到美洲虎那副懒洋洋的样儿，便对管理员说："老虎是森林之王，在它所生活的环境中，不能只放上一群整天只知道吃草，不知道猎杀的动物。这么大的一片虎园，即使不放进几只狼，至少也应放上两只豺狗，否则，美洲虎无论如何也提不起精神。"

管理员听从了动物学家的意见，不久便从别的动物园引进了几只美洲豹。这一招果然奏效，自从美洲豹进虎园的那一天，这只美洲虎再也躺不住了。

它每天不是站在高高的山顶愤怒地咆哮，就是有如飓风般俯冲下山岗，或者在丛林的边缘地带警觉地巡视和游荡。老虎那种刚烈威猛、霸气十足的本性被重新唤醒。它又成了一只真正的老虎，成了这片广阔虎园中真正意义上的森林之王。

有了对手，才有危机感，才会有竞争力。有了对手，你便不得不奋发图强，不得不革故鼎新，不得不锐意进取。否则，你就只能被吞并、被替代、被淘汰。

因此，一个群体如果没有对手，就会因相互依赖和潜移默化丧失活力、丧失生机；一个政体如果没有对手，就会逐步走向懈怠，甚至走向腐败和堕落。一个行业如果没有了对手，就会丧失进取的意志，安于现状，逐步走向衰亡。

我们来看一篇短文：

巴拉昂是一位年轻的媒体大亨，以推销装饰肖像画起家，在不到 10 年的时间里迅速跻身于法国 50 大富豪之列，1998 年因前列腺癌在法国博比尼医院去世。临终前，他留下遗嘱，把他 46 亿法郎的股份捐献给博比尼医院用于前列腺癌的研究，另有 100 万作为奖金，奖给揭开穷人之谜的人。

穷人最缺少的是什么？巴拉昂逝世周年纪念日，律师和代理人按巴拉昂生前的交代在公证部门的监视下打开了那只保险箱，揭开了谜底：穷人最缺少的是进取心，那不满足现状的进取心。

进取心，就是不愿在现状里沉睡，而是志向远大，努力向上，胸怀追求成就的动机。

进取心，就是不知足，就是不满足于现状的信念。

进取心，就是一种极强的自信心。进取者的处世态度是："天生我材必有用"，坚信自己，相信自己的力量，相信自己能有所作为，能达到自己所设定的目标。

鲁迅先生说得好："最后的胜利，不在高兴的人们的多少，而在永远进击的人们的多少。"最后的成功不属于那些懒汉、投机取巧者、专要"小聪明者"和胸无大志的平庸之辈，而是属于那些一往无前、从不满足、敢于寻求真理、敢于向命运挑战的积极进取者。

在压力中寻求动力

在人的内心，激情永远产生；一种激情的消逝几乎是意味着另一种激情的产生。

——拉罗什富科

许多人视对手为心腹大患，视异己为眼中钉、肉中刺，恨不得欲除之而后快。其实，能有一个强劲的对手，反而是一种福分、一种造化，因为一个强劲的对手会让你时刻都有危机感，会激发你更加旺盛的精神和斗志。

加拿大有一位享有盛名的长跑教练，由于在很短的时间内培养出好几名长跑冠军，所以很多人都向他探询训练秘密。谁也没有想到，他成功的秘密仅在于一个神奇的陪练，而这个陪练不是一个人，是几只凶猛的狼。

因为这位教练给队员训练的是长跑，所以他一直要求队员们从家里出发时一定不要借助任何交通工具，必须自己一路跑来，作为每天训练的第一课。有一个队员每天都是最后一个到，而他的家并不是最远的。教练甚至想告诉他改行去干别的，不要在这里浪费时间了。

但是突然有一天，这个队员竟然比其他人早到了20分钟，教练惊奇地发现，这个队员今天的速度几乎可以打破世界纪录。

原来，在离家不久经过一段5公里的野地，他遇到了一只野狼。那野狼在后面拼命地追他，他在前面拼命地跑，最后，那只野狼竟被他给甩下了。

教练明白了，今天这个队员超常发挥是因为一只野狼，他有了一个可怕的敌人，这个敌人使他把自己所有的潜能都发挥了出来。

从此，这个教练聘请了一个驯兽师，并找来几只狼，每当训练的时候，便把狼放开。没过多长时间，队员的成绩都有了大幅度的提高。

日本的游泳运动一直处于世界领先地位，有人说，他们的训练方法也有着很神奇的秘密：日本人在游泳馆里养着很多鳄鱼。

队员每次跳下水之后，教练都会把几只鳄鱼放到游泳池里。几天没有吃东西的鳄鱼见到活生生的人，立即兽性大发，拼命追赶运动员。而运动员尽管知道鳄鱼的大嘴已经被紧紧地缠住了，但看到鳄鱼的凶相时，还是条件反射似的拼命往前游。

无论是加拿大人还是日本人，他们无疑都掌握了这样一个道理，敌人的力量会让一个人发挥出巨大的潜能，创造出惊人的成绩，尤其是当敌人强大到足以威胁你的生命时。敌人就在你的身后，只要你一刻不努力，生命就会有万分的惊险和危难。

就像谁都知道机器设备都会按一定年限折旧，可很少有人想到自己赖以生存的知识、能力，也会随着岁月的流逝而不断地折旧。

我们很多人在本科毕业、硕士毕业、博士毕业以后就以为自己的知识已经储备完毕，足够去应付新时代的风风雨雨，但是我们往往发现：在现实社会中，只有那些不断更新自己知识，不断改进自身知识结构的人，才能真正在现实生活中站住脚。

人与机器的区别就在于人有自我更新的能力。如果你不能睁大双眼，以积极的心态去关注、学习新的知识与技能，那么你很快就会发现，你的价值被打了八折、七折、六折、半价甚至一文不值。这一切也许在你茫然不觉的时刻突然来临,因为不可能有一位会计时刻为你做"折旧"财务报表以提醒你,只有靠你自己主动给自己做账,时刻提醒自己的知识危机感。

在这个知识与科技发展一日千里的时代,必须不断地学习,不断地充实自己,不断地追求成长,才能使自己在职场上始终立于不败之地。

成功的人有千万,但成功的道路却只有一条——学习,勤奋地学习。如果一个人停止了学习,那么很快就会"没电",就会被社会所抛弃。养成不忘学习的习惯,你离成功就不远了。

在日新月异的时代,你必须时时刻刻具有危机意识,在压力中寻找动力,天天学习,经常充电,这样才不至于落伍。同时也会充实自己,为自己奠定雄厚的基础,以保证自己在激烈竞争环境中生存下去。

■ 欢迎你的对手

> 在热情的激昂中,灵魂的火焰才有足够的力量把造成天才的各种材料熔冶于一炉。
>
> ——司汤达

商场如战场,有"战争"就有对手,对手分两种,一种是好的对手,他们是一些遵守道德和行业标准的人,一种是不好的对手,他们是那些运用不好规范的手段也就是旁门左道而达到一己目的的人,这时,我们要做的是欢迎你的好的对手,要善待他们,但是不要没有压力也不要放弃竞争,要在公平的基础上展开竞争,不要把对手当"仇敌",因为,没有了对手,你的人生将不再完美。

有时,我们也会陶醉于现有的安逸中不能自拔,因为喜欢这种看起来四平八稳的"安全感"。如果我们不想在不知不觉中走向麻木,唯一的办法就是打破这种平衡感。制造紧张的气氛。只有在紧张的气氛中,才可以强化生命力。

在某个国家的足球联赛中,有些球队对球员的挑选遵循着这么一个原则:只要你有成绩,资格够老,有后台,有帮派支持,或者能一手遮天,就没人敢把你从高位上拉下来。后来这个联赛越办越差,某些俱乐部对教练员的这种表现也极为不满,终于有些无能的教练被炒了鱿鱼。

后来,俱乐部从国外招来一些铁腕教练。这些教练虽然风格各异,但在球员的挑选上不再受原来足球势力的影响。在每一场比赛前没有人知道谁将上场，谁坐冷板凳，在他的球队里没有铁定的主力。于是，每一球员都必须在赛前保持很好的竞技状态，在每一场比赛中好好地表现自己。

正是通过在每场比赛中引入竞争，这些球队的成绩迅速飙升，联赛也越办越精彩。

在大部分时间里，并没有人去给你找合适的"鲇鱼"来促进你的成长，这时就要求你跳出自己的成长空间，去寻找自己的敌人和竞争者！

> 某个单位办公室门口摆着一个鱼缸，缸里放养着十几条产自热带的杂交鱼。这种鱼长约三寸，大头红背，长得特别漂亮，惹得许多人驻足凝神。
>
> 一转眼两年时间过去了，那些鱼在这两年时间里似乎没有什么变化，依旧三寸来长，大头红背，每天自得其乐地在鱼缸里时而游玩，时而小憩，吸引着人们惊羡的目光。
>
> 忽一日，鱼缸的缸底被本单位头头那顽皮的小儿子砸了一个大洞，待人们发现时，缸里的水已经所剩无几，十几条热带鱼可怜巴巴地趴在那儿苟延残喘，人们急忙把它们打捞出来。怎么办呢？人们四处张望了一下，发现只有院子当中的喷水泉可以做它们的容身之所。于是，人们把那十几条鱼放了进去。两个月后，一个新的鱼缸被抬了回来。人们惊奇地发现，仅仅是两个月的时间，那些鱼竟然都由三寸来长疯长到一尺长！
>
> 对此，人们七嘴八舌，众说纷纭。有的说可能是因为喷水泉的水是活水，鱼才长这么长；有的说喷水泉里可能含有某种矿物质；也有的说那些鱼可能是吃了什么特殊的食物。但无论如何，都有共同的前提，那就是喷水泉要比鱼缸大得多！

年轻人的成长也是这样，要想使自己长得更快，长得更强壮，就不要拘泥于一个小小的鱼缸。

在我们的现实生活中，大多数人天生是懒惰的，都尽可能逃避工作；他们大部分没有雄心壮志和负责精神，宁可期望别人来领导和指挥，就算有一部分人有着宏大的目标，也缺乏执行的勇气。

他们对组织的要求与目标漠不关心，只关心个人；他们缺乏理性，不能自律，容易受他人影响；他们工作的目的在于满足基本的生理需要与安全需要。

只有少数人勤奋，有抱负、富有献身精神，他们能自我激励、自我约束。

人们之所以天生懒惰或者变得越来越懒惰，一方面是所处环境给他们带来安逸的感觉，另一方面，人的懒惰也有着一种自我强化机制，由于每个人都追求安逸舒适的生活，贪图享受在所难免。

此时，如果引入外来竞争者，打破安逸的生活，人们立刻就会警觉起来，懒惰的天性也会随着环境的改变而受到节制。

所以，善待你的对手吧！千万别把他当成你前进的"绊脚石"，而应该把他当作你的一剂强心针、一台推进器、一个加力挡、一条警策鞭。欢迎你的对手吧！因为他的存在，你才会永远是一条鲜活的"热带杂交鱼"，是那只威风凛凛的"美洲虎"。

在压力面前，要靠自己拯救自己

相信能做成的事，一定能够成功。反之，不相信能做成的事，那就决不会成功。

——拿破仑·希尔

拿破仑·希尔认为，寻找自己的强项，最需要两种品性，一是毅力，二是实战。

公元前一世纪，罗马的恺撒大帝统领他的军队抵达英格兰后，下定了决不退却的决心。为了使士兵们知道他的决心，恺撒当着士兵们的面，将所有运载他们的船只全部焚毁。

但很多青年在开始做事的时候往往便给自己留着一条后路，作为遭遇困难时的退路。这样怎么能够成就伟大的事业呢？

破釜沉舟的军队，才能决战制胜。同样，一个人无论做什么事，必须抱着绝无退路的决心，勇往直前，遇到任何困难、障碍都不能后退。如果立志不坚，时时准备知难而退，那就绝不会有成功的一日。

人生的成败，决定于意志力的强弱。具有坚强意志力的人，遇到任何困难障碍，都能克服困难，消除障碍。但意志薄弱的人，一遇到挫折，便思退求缩，最终归于失败。实际生活中有许多青年，他们很希望上进，但是意志薄弱，没有坚强的决心，不抱着破釜沉舟的信念，一遇挫折，立即后退，所以终遭失败。

一旦下了决心，不留后路，竭尽全力，向前进取，那么即使遇到千万困难，也不会退缩。如果抱着不达目的决不罢休的决心，就会不怕牺牲，排除万难，去争取胜利，把那犹豫、胆怯等"妖魔"全部赶走。在坚定的决心下，成功之敌必无藏身之地。

一个人有了决心，方能克服种种艰难，去获得胜利，这样才能得到人们的敬仰。所以，有决心的人，必定是个最终的胜利者。只有下定决心，才能增强信心，才能充分发挥才智，从而在事业上做出伟大的成就。

对很多人来说，犹豫不决的痼疾已经深入骨髓，这些人无论做什么事，总是留着一条退路，绝无破釜沉舟的勇气。他们不明白把自己的全部心思贯注于目标是可以生出一种坚强的自信心，这种自信能够破除犹豫不决的恶习，把因循守旧、苟且偷生等成功之敌，统统捆绑起来。

有人喜欢把重要问题搁在一边，留待以后解决，这其实是个恶习。如果你有这样的倾向，你应该尽快将其抛弃，你要训练自己学会敏捷果断地做出决定。无论当前问题是多么的严重，你都应该把这问题的各方面都顾到，加以慎重地权衡。许多青年男女，本来可以做大事、立大业，但实际上竟做着小事，过着平庸的生活，原因就在于他们自暴自弃，他们不怀有远大的希望，不具有坚定的自信。

与金钱、势力、出身、亲友相比，自信是更有力量的东西，是人们从事任何事业的可靠的资本。自信能排除各种障碍、克服种种困难，能使事业获得完满的成功。

有的人最初对自己有一个恰当的估计，自信能够处处胜利，但是一经挫折，他们却半途而废，这是因为自信心不坚定的缘故。所以，光有自信心还不够，更须使自信心变得坚定，那么即使遇着挫折，也能不屈不挠，向前进取，决不会因为一遇困难就退缩。

如果你去分析研究那些成就伟大事业的卓越人物的人格特质，那么就可以看出一个特点：这些卓越人物在开始做事之前，总是具有充分信任自己能力的坚强自信心，深信所从事之事业必能成功。这样，在做事时他们就能付出全部的精力，破除一切艰难险阻，直到胜利。

玛丽·科莱利说："如果我是块泥土，那么我这块泥土，也要预备给勇敢的人来践踏。"如果在表情和言行上时显露着卑微，每件事情上都不信任自己、不尊重自己，那么这种人自然得不到别人的尊重。

造物主给予人巨大的力量，鼓励人去从事伟大的事业。而这种力量潜伏在我们的脑海里，使每个人都具有宏韬伟略，能够精神不灭、万古流芳。如果不尽到对自己人生的职责，在最有力量、最可能成功的时候不把自己的强项尽量施展出来，那么你不可能改变你陈旧的一生。

■ 找只"马蝇"叮自己

> 生活不是平坦的大道，只有不畏劳苦沿着陡峭山路攀登的人，才有希望达到光辉的顶点。
>
> ——马克思

我们生活在一个竞争社会，每天面对的压力林林总总。坐公交车上班，眼看打卡时间到了，可是车子偏偏在最后一个路口堵住了；老板要检查你的工作指标，可是这个月你只完成了一半的工作量，不知道老板会不会一气之下炒掉你；你信用卡里只剩下两位数，可是你得付水、电、煤气费和电话费，还要对父母尽孝，对朋友作潇洒状，还要揣一份买房的构想满足女友的愿望……

压力就像只无形的手，总是攫住你，让你无处可逃。

但有压力对人并非只是一件坏事。很多时候，我们需要一种力量来推动我们，就像慢马需要马蝇一样。人很多时候还是有点惰性的。如果不是自然界的灾难和艰难，人类的智慧不会发展到今天这种网络和纳米技术的时代。正是生存的压力让人类在改变自然的同时也在改变自身。

> 1860年，林肯当选为美国总统。有一天，有位名叫巴恩的银行家到林肯的总统官邸拜访，正巧看见参议员萨蒙·蔡思从林肯的办公室走出来。于是，巴恩对林肯说："如果您要组阁的话，千万不要将此人选入您的内阁。"
>
> 林肯奇怪地问："为什么？"
>
> 巴恩说："因为他是个自大成性的家伙，他甚至认为他比您伟大得多。"
>
> 林肯笑了："哦，除了他以外，您还知道有谁认为自己比我伟大得多？"
>
> "不知道，"巴恩答道，"不过，您为什么要这样问呢？"

林肯说："因为我想把他们全部选入我的内阁。"

事实证明，巴恩的话是有道理的。蔡思果然是个狂态十足、极其自大，而且妒忌心极重的家伙。他狂热地追求最高领导权，本想入主白宫，不料落败于林肯，只好退而求其次，想当国务卿。林肯却任命了西华德，无奈，只好坐第三把交椅——当了林肯政府的财政部长。为此，蔡思一直怀恨在心，激愤不已。不过，这个家伙确实是个大能人，在财政预算与宏观调控方面很有一套。林肯一直十分器重他，并通过各种手段尽量减少与他的冲突。

后来，目睹过蔡思种种行为，而且搜集了很多资料的《纽约时报》主编亨利·雷蒙顿拜访林肯时，特地告诉他蔡思正在狂热地上蹿下跳，谋求总统职位。林肯以他一贯以来特有的幽默对雷蒙顿说："亨利，你不是在农村长大的吗？那你一定知道什么是马蝇了。有一次，我和我兄弟在肯塔基老家的农场里耕地。我吆马、他扶犁，偏偏那匹马很懒，老是磨洋工。但是，有一段时间它却在地里跑得飞快，我们差点都跟不上他。到了地头，我才发现，有一只很大的马蝇叮在它的身上，于是我把马蝇打落了。我的兄弟问我为什么要打掉它，我告诉他，不忍心让马被咬。我的兄弟却告诉我就是因为有那家伙，这匹马才跑得那么快。"然后，林肯意味深长地对雷蒙顿说："现在正好有一只名叫'总统欲'的马蝇叮着蔡思先生，那么，只要它能使蔡思那个部门不停地跑，我还不想打落它。"

在任何时候都不要惧怕压力，适当的压力只会让你更好地发挥你自己的能力，竞争会检验你的表现，遇到压力最简单的解决办法就是：勇敢迎接它，它会唤醒你更好的一面。如果每天都给自己一点压力，你就会感觉到自己的重要性。害怕失败是成功的一个秘方，对失败的恐惧是大多数成功者最主要的动力。

当你在商场上与对手交锋的时候，那种自然而然产生的压力会让你发挥出最好的表现。当你和一个严厉的上司一起工作时，你会感到需要不断进步的压力。成功经验就是"运用压力"，正如一位哲人说过，你要求得越少，那么你得到的也越少。

不可否认，在一生中，无论工作还是生活，每个人都有自己心中的目标，都会向着自己梦想的地方前进，做自己最想做成的事。

给自己一个挑战，这是任何一位成功者都喜爱的一种竞技，一种自我表现的机会；这是证明自身价值、争取胜利的机会。

好心态成就好人生

卡尔先生是美国一家航运公司的总裁，他提拔了一位非常有潜质的人到一个生产落后的船厂担任厂长。可是半年过后，这个船厂的生产状况依然不能够达到生产指标。

"怎么回事？"卡尔先生在听了厂长的汇报之后问道，"像你这样能干的人才，为什么不能够拿出一个可行的办法，激励他们完成规定的生产指标呢？"

"我也不知道，"厂长回答说，"我也曾用加大奖金力度的方法引诱，也曾经用强迫压制的手段威逼，甚至以开除或责骂的方式来恫吓他们，但是无论我采取什么方式，也改变不了工人们懒惰的现状。他们就是不愿意干活，实在不行就招聘新人吧，让他们走人！"

这时恰逢太阳西沉，夜班工人已经陆陆续续向厂里走来。"给我一支粉笔，"卡尔先生说，然后他转向离自己最近的一个白班工人，"你们今天完成了几个生产单位？"

"6个。"

卡尔先生在地板上写了一个大大的、醒目的"6"字以后，一言未发就走开了。当夜班工人进到车间时，他们一看到这个"6"字，就问是什么意思。

"卡尔先生今天来这里视察，"白班工人说，"他问我们完成了几个单位的工作量，我们告诉他6个，他就在地板上写了这个6字。"

次日早晨卡尔先生又走进了这个车间，夜班工人已经将"6"字擦掉，换上了一个大大的"7"字。下一个早晨白班工人来上班的时候，他们看到一个大大的"7"字写在地板上。

夜班工人的"7"字激起了白班工人的"斗"志。好，他们要给夜班工人点颜色瞧瞧！他们全力以赴地加紧工作，下班前，留下了一个神气活现的"10"字。生产状况就这样逐渐好起来了。不久，这个一度是生产落后的厂子比公司别的工厂产出还要多。

其中的道理是什么？

"要做成事的办法，是激起竞争。我的意思不是钩心斗角的竞争，而是相互取胜的欲望。现在看来，激发他人产生一种向上的精神，确实是一种有效的方法。"卡尔先生这么回答。

是啊，给他人一个挑战能够激发他人身上的力量，给自己一个挑战又何尝不是如此呢？在工作、生活的紧要关头，只要勇敢迎接挑战，那么我们就有转败为胜的机会。

人生会遇到各种各样的问题，我们活着就是来解决这些问题的。在这个充满着竞争、充满经营机遇与风险的世界，不断地给自己挑战而不是被动地接受挑战是捷足先登的秘诀。

我们要时刻具有取胜的欲望，因为它是叮在我们身上的那只马蝇，它促使我们在困难面前永不妥协，在强势对手面前永不退缩。而且让我们永葆活力、永葆青春。

懂得放弃

　　放弃，是一种睿智，是一种豁达，它不盲目，不狭隘。放弃，对心境是一种宽松，对心灵是一种滋润，它驱散了乌云，它清扫了心房。有了它，人生才能有爽朗坦然的心境；有了它，生活才会阳光灿烂。所以，千万别忘了，在生活中还有一种智能叫"放弃"！

　　记得有这么一个故事：

　　聪明的农夫知道老鼠会来偷吃仓库里的粮食，所以事先设了一个可以让老鼠空腹进去的小洞，只要老鼠随便吃一点粮食就钻不出来，到时就可以"瓮中捉鳖"。老鼠不知道农夫的计谋，看到有这种便宜可占，便一狠心饿了两天，顺利地钻入了粮仓，而当它美餐一顿后却怎么也爬不出来了，所幸的是农夫对这档子事疏忽了，老鼠才在又忍饿两天后得以钻出小洞，逃之夭夭。

　　从这则故事中我们应该得到深刻的启发：必须学会选择，懂得放弃。

　　选择是人生成功路上的航标，只有量力而行的睿智选择才会拥有更辉煌的成功。

　　放弃是智者面对生活的明智选择，只有懂得何时放弃的人才会拥有海阔天空的人生境界。

■ 学会放弃

较小的事物必须为较大的事物牺牲。

——显克微支

有篇很幼稚的文章叫《小猴子下山》，讲述了这样一个故事：两手空空的小猴子路过玉米地时，摘了一棒玉米；当走过一棵桃树时，便扔了玉米去摘桃子；当他走过西瓜地时，又扔了桃子去摘西瓜；当它看见兔子时，便又扔了西瓜去追兔子。结果兔子没追上，最后小猴子只能仍旧空着两手回家去。"小儿科"的故事揭示了一个不小的道理：要学会放弃。

放弃是一种量力而行的睿智。大观园内的王熙凤，精明能干远胜过贾府中任何一男子，但她太争强好胜，万事劳心，终为所累，反误了卿卿性命。人是血肉之躯，精力有限，时间有限。在生活中应该学会取舍，取其要者而为之，不要者而舍之，不为琐事劳心伤神。身体乃革命本钱，一旦身体遭损，皮之不存，毛将焉附！

放弃是一种顾全大局的果敢。放弃同样需要勇气和胆略。面对全军覆没的危险，有胆略的军事家会说：三十六计走为上。面对将要破产倒闭的厄运，有眼光的企业家会说：留得青山在，不怕没柴烧。大兵压境时，毛泽东毅然放弃过延安。落水的财主因舍不得腰间沉甸甸的铜钱而最终葬身鱼腹。

放弃是一种泰然处之的大度。汲汲于名利者永远不会知道满足。金山银山，换不来会心一笑；机关算尽，只留得千古骂名。请记住赫拉克利特的话，最优秀的人宁愿只要一件东西，而不要其他一切。

学会放弃吧。放弃并不完全代表着失败和气馁，明智的放弃是为了更少地失去。有时，选择了放弃，也便选择了成功和获得。

每逢过年期间，我们总能收到许多有关昔日同窗或熟人的消息，他们有的发达了，有的下岗了，有的很得志，有的很颓废……从他们的经历中你会发现勇于放弃的人往往是赢家。

几个人毕业后一起分到一家工厂，而这家厂管理松懈，设备老化，产品过时，种种迹象表明在这儿干前途渺茫。面对现状，不同的人会采取了不同的策略：有的主动下岗自谋生路，有的留在厂内准备找到合适的岗位再跳槽。后者的择业思路一直为媒体推崇，即所谓"骑驴找马"，它符合国人求稳的心态，从理论上讲的确是最佳选择。

然而实践证明，孤注一掷自谋生路者大多走出了一条新路，骑驴找马的最终却很难找到马，虚度了人生中的黄金10年。

某人所学专业不错，家境也可以，在单位工作的10年间他几乎没有停止过"充电"，先自修英语、计算机；又拿了驾驶执照，谁也不能说他不曾努力过。

然而一次次利用业余时间匆匆参加招聘会，一次次权衡利弊最终因为有一匹"劣马"可骑便迟迟下不了决心，怕一失足摔得很狼狈。等单位面临破产这才打算搏一下，但年龄已大，竞争力大打折扣。另一位同事小丘则相反，他在上班第二年便毅然离职去了广东，期间也曾有半年找不上工作的时候，可几经努力最终站住了脚，月收入也达到一万多元。

古人云"不破不立"。学会放弃是择业时必须经历的痛苦决定，尤其对于有一匹破马可骑的人。不冒一点被淹死的风险是永远学不会游泳的。

■ 失之东隅，收之桑榆

为了伟大的事业，不要害怕失去美好的东西。

——肖尼·罗杰斯

不要硬逼着自己去选择，有时成功不了，放弃反而是另一种收获。

英国退役军官迈克莱恩，曾是一名探险队员。1976年，他随英国探险队成功登上珠穆朗玛峰。而在下山的路上，却遇上了狂风大雪。每行一步都极其艰难，最让他们害怕的是，风雪根本就没有停下的迹象。这时，他们的食品已为数不多，如果停下来扎营休息，他们很可能在没有下山之前，就会被饿死；如果继续前行，大部分路标早已被大雪覆盖，不仅要走许多弯路，而且，每个队员身上所带的增氧设备及行李等物，会压得他们喘不过气来，这样下去就会步履缓慢，他们不饿死，也会因疲劳而倒下。在整个探险队陷入迷茫的时候，迈克莱恩率先丢弃所有的随身装备，只留下不多的食品，轻装前行。

他的这一举动几乎遭到所有队员的反对，他们认为现在离下山最快也要10天时间。这就意味着这10天里不仅不能扎营休息，还可能因缺氧而使体温下降，导致冻坏身体。那样，他们的生命，将是极其危险的。面对队友的顾忌，迈克莱恩很坚定地告诉他们："我们必须而且只能这样做，这样的雪山天气十天半月都有可能不会好转，再拖延下去，路标也会被全部掩埋，丢掉重物，就不允许我们再有任何幻想和杂念，只要我们坚定信心，徒手而行，就可以提高行走速度，也许这样我们还有生的希望！"最终队员们采纳了他的意见，一路上相互鼓励，忍受疲劳和寒冷，不分昼夜前行，结果只用了8天时间，就到达了安全地带。而恶劣的天气，正像他所预料的那样，从未好转过。

若干年后，伦敦英国国家军事博物馆的工作人员，找到迈克莱恩，请求他赠送任何一件与英国探险队当年登上珠穆朗玛峰有关的物品，不料收到的却是莱恩因冻坏而被截下的 10 个脚趾和 5 个右手指尖。当年的一次正确的放弃，挽救了所有队员的生命；也是由于这个选择，他们的登山装备无一保存下来，而冻坏的指尖和脚趾，却在医院截掉后，留在了身边。这是博物馆收到的最奇特而又最珍贵的赠品。

日常生活中，我们总是喜欢朝着自己既定的目标奋力拼搏，但却不是每个人的愿望和理想都能实现。那些搏击一世却未获成功的人，会不会是因为他生命中真正精华的部分被自以为"不是最好的"，而从未得以展示呢？

李宇明是华中师大的年轻教授，刚结婚不久，妻子就因为患类风湿性关节炎成了卧床不起的病人。生下女儿后，妻子的病情又加重了。面对常年卧床的妻子、刚刚降生的女儿、还没开头的事业，李宇明矛盾重重，一天，他突然想到，能不能把自己的研究方向定在儿童语言的研究上呢？从此，妻子成了最佳合作伙伴，刚出生的女儿则成了最好的研究对象。家里处处都是小纸片和铅笔头，女儿一发音，他们立刻作最原始的记载，同时每周一次用录音带录下文字难以描摹的声音。就这样坚持了 6 年，到女儿上学时，他和妻子开创一项世界纪录：掌握了从出生到 6 岁半之间儿童语言发展的原始资料，而国外此项纪录最长的只到 3 岁。1991 年，李宇明的《汉族儿童问句系统探微》出版，在国内外语言界引起了震动。

失之东隅，收之桑榆。很多时候，埋没天才的不是别人，恰恰是自己。成功的路径不止一个，不要循规蹈矩，更不要放弃成功的信心，此路不通，就该换条路试试。

放弃是一门艺术。在物欲横流的今天，既需要你做出选择，而更多的则是放弃。与其说是抉择得当，不如说是放弃得好。人生苦短，要想获得越多，就得放弃越多。那些什么都不放弃的人，是不可能有多少获得的。其结果必然是对自身生命的最大的放弃，让自己的一生永远处在碌碌无为之中。

放弃是一种让步，让步不是退步。让一步，避其锋，然后养精蓄锐，以利更好地向前冲刺。

放弃是量力而行，明知得不到的东西，何必苦苦相求，明知做不到的事，何必硬撑着去做呢？

放弃需要明智，该得时你便得之，该失时你要大胆地让它失去。有时你以为得到了某些时，可能失去了很多；有时你以为失去了不少，却有可能获得许多。不以得喜，不以失悲。尽自己最大的努力做去，管它花开花落，云卷云舒。

快乐总在放弃之后

在人生的大风浪中，我们常常学船长的样子，在狂风暴雨之下把笨重的货物扔掉，以减轻船的重量。

——巴尔扎克

人的情感就是这样，总是希望有所得，以为拥有的东西越多，自己就会越快乐。所以，这人之常情就迫使我们沿着追寻获得的路走下去。可是，有一天，我们忽然惊觉：我们的忧郁、无聊、困惑、无奈、一切的快乐，都和我们相去甚远。其实，我们之所以不快乐，是我们渴望拥有的东西太多了，或者，太执着了，不知不觉，我们已经执迷在某个事物上了。

譬如说，你爱上了一个人，而她却不爱你，你的世界就微缩在对她的感情上了，她的一举手、一投足、衣裙窸窣的声响都足以吸引你的注意力，都能成为你快乐和痛苦的源泉。有时候，你明明知道那不是你的，却想去强求，或可能出于盲目自信，或过于相信精诚所至、金石为开，结果不断的努力，却遭到不断的挫折，弄得自己苦不堪言。世界上有很多事，不是我们努力就能实现的，有的靠缘分，有的靠机遇，有的我们能以看山看水的心情来欣赏，不是自己的不强求，无法得到的就放弃。

懂得放弃才有快乐，背着包袱走路总是很辛苦。中国历史上，"魏晋风度"常受到称颂，他们于佛、道、儒，哪一家也说不上，但是哪一家都有一点，在人世的生活里，又有一分出世的心情，说到底，就是以一种超然的心态面对人生。

我们在生活中，时刻都在取与舍中选择，我们又总是渴望着取，渴望着占有，常常忽略了舍，忽略了占有的反面：放弃。懂得了放弃的真意，也就理解了"失之东隅，收之桑榆"的妙谛。多一点中和的思想，静观万物，体会与宇宙一样博大的情怀，我们自然会懂得适时地有所放弃，正是我们获得内心平衡，获得快乐的好方法。

正确的取舍

如果你总是忙于卸去昨日的包袱，那么你就无法担负今天的责任。

——伊丽莎白·布朗宁

每个人都有着不同的发展道路，面临着人生无数次的抉择。当机会接踵而来时，只有那些树立远大人生目标的人，才能做出正确的取舍，把握自己的命运。

树立了远大目标，面对人生的重大选择就有了明确的衡量准绳。孟子曰：舍生取义。这是他的选择标准，也是他人生的追求目标。著名诗人李白曾有过"仰天大笑出门去，我辈岂是蓬蒿人"的名句，潇洒傲岸之中，透出自己建功立业的豪情壮志。凭借生花妙笔，他很快名扬天下，荣登翰林学士这一古代文人梦寐以求的事业巅峰。但是一段时间之后，他发现自己不过是替皇上点缀升平的御用文人。这时的李白就面临一个选择，是继续安享荣华富贵，还是走向江湖穷困潦倒呢。以自己的追求目标做衡量标准，李白毅然选择了"安能摧眉折腰事权贵，使我不得开心颜"，弃官而去。

共和国的开国元勋周恩来总理，从小就树立了"为中华之崛起而读书"的远大目标。之后的岁月中，他本可以无数次选择安逸舒适的生活，享受高官厚禄。这些机会对于当时的国人而言，无疑是功成名就的最好选择。但是，有了为祖国献身的远大目标，周恩来毅然放弃了这些所谓的机会，而是选择了血与火、粗茶和淡饭，九死一生，铸就了共和国的崛起和辉煌。

一些看似无谓的选择其实是奠定我们一生重大抉择的基础，古人云："不积跬步，无以至千里；不积细流，无以成江海。"无论多么远大的理想，伟大的事业，都必须从小处做起，从平凡处做起，所以对于看似琐碎的选择，也要慎重对待，考虑选择的结果是否有益于自己树立的远大目标。

很多人觉得学习之余暂时放松一下不会影响什么，确实，劳逸结合对学习来说是十分必要的。但是，学习任务没有完成而去玩游戏，明天就要考试今天却去郊游而不复习，这样的选择多了，就会陷入享乐的诱惑不能自拔，进取心就会逐步丧失。最近新闻经常报道，一些中小学生痴迷打电子游戏，从旷课发展至逃学，甚至夜不归宿，有的还陷入犯罪的深渊。他们当初面临选择学习还是玩游戏时，也认为自己只是暂时放松一下，但几次之后，便已失去了自己树立的远大目标，身陷迷途。就中学生而言，大学系统教育是我们实现自己人生目标的必要辅助手段，用游戏时间或郊游等休闲时间投入学习，是为了实现上大学的近期目标，放弃自己的一些爱好是值得的，暂时的代价也就有了付出的充分理由。

看到这样一则故事：一只老鹰被人锁着。它见到一只小鸟唱着歌儿从它身旁掠过，想到自己却……于是它用尽全身的力量，挣脱了锁链，可它也挣折了自己的翅膀。它用折断的翅膀飞翔着，没飞几步，它那血淋淋的身躯还是不得不栽落在地上。

老鹰向往小鸟的自由，挣脱了锁链，却牺牲了自己的翅膀。自由如果以牺牲自己的翅膀为代价，实际上也就牺牲了自由。

古时有位高人在给慕名前来学习的人第一次讲道理时，他先拿了一满杯黑颜色的水，然后再往这杯子里倒清水。杯里的水不断外溢，而杯中水仍有黑颜色混在其中。这时，那高人对求学者说："要想得到一杯清水，必先倒掉脏水，洗净杯子，学习也是如此。"

有追求必有所放弃，学习也是如此。要在学业上取得更大的进步，就需要不断抛弃陈旧的观念，更新知识，不断调整改变思维方式。法国生理学家贝尔纳说："构成我们学习上最大障碍的是已知的东西，而不是未知的东西。"爱因斯坦也说过："我不久学会了识别那些导致深邃知识的东西，而把其他许多只是充塞耳目、会转移主要目标的东西撇下不管。"论证时可结合自己的学习体会。

放弃，对每一个人来说，都有一个痛苦的过程，因为放弃意味着永远不再拥有，但是，不会放弃，想拥有一切，最终你将一无所有，这是生命的无奈之处。如果你不放弃繁华处的热闹，就无法享受花前月下的温馨……生活给予我们每个人都是一座丰富的宝库，但你必须学会放弃，选择适合你自己应该拥有的，否则，生命将难以承受！

一个决定可以改变一个人的命运，这个决定是对是错，恐怕要用一生做赌注。其实，有未必真得，无未必真失，有无随缘、得失在心，人生的遭遇不可用"得失"二字定论。

选择与放弃决定幸福

幸福不在于你拥有什么或者你是什么人，而在于你正在做什么。

——莉莲·沃森

造成自己心理障碍，影响一个人的幸福的，有时并不是物质的贫乏和丰裕，而是一个人选择与放弃的心境。如果把自己的心浸泡在后悔和遗憾的旧事中，痛苦必然会占据你的整个心灵。

一位精神病医生有多年的临床经验，在他退休后，撰写了一本医治心理疾病的专著。这本书足足有一千多页，书中有各种病情描述和药物、情绪治疗办法。

有一次，他受邀到一所大学讲学，在课堂上，他拿出了这本厚厚的著作，说："这本书有一千多页，里面有治疗方法三千多种，药物一万多样，但所有的内容，只有四个字。"

说完，他在黑板上写下了"如果，下次。"

医生说，造成自己精神消耗和折磨的莫不是"如果"这两个字，"如果我考进了大学"、"如果我当年不放弃她"、"如果我当年能换一项工作"……

医治方法有数千种，但最终的办法只有一种，就是把"如果"改成"下次"，"下次我有机会再去进修"、"下次我不会放弃所爱的人"……

钱钟书在《围城》中谈着：天下有两种人，譬如一串葡萄到手后，一种人挑最好的先吃，另一种人把最好的留在最后吃。但两种人都感到不快乐。第一种人认为他的每一颗葡萄越来越差。第二种人认为他每吃一颗都是吃剩下的葡萄中最坏的。

原因在于，第一种人只有回忆，他常用以前的东西来衡量现在，所以不快乐；第二种人刚好与之相反，同样不快乐。

为什么第一种不这样想，我已经吃到了最好的葡萄，有什么好后悔的；第二种人不这样想，我留下的葡萄和以前相比，都是最棒的，为什么要不开心呢？

这其实就是生活态度问题，它决定了一个人的喜怒哀乐。

如果一生不懂得去选择也不懂得去放弃，那一辈子就永远也没有快乐。

扬弃才能超常

一个人的成败，是他自己思想的直接结果。

——詹姆斯·艾伦

想获得某种超常的发挥，就必须扬弃许多东西。

中国有句古话：有所为就必须有所不为。有所得就必须有所失。什么都想得到，只能是生活中的侏儒。要想获得某种超常的发挥，就必须扬弃许多东西。瞎子的耳朵最灵，因为眼睛看不见，他必须竖着耳朵听，久而久之，耳朵达到了超常的功能。会计的心算能力最差，2加3也要用算盘打一遍，而摆地摊的则是速算专家。生活中也一样，当你的某种功能充分发挥时，其他功能就可能退化。

如果我们发现自己的老板并不是一个睿智的人，并没有注意到我们所付出的努力，也没有给予相应的回报，那么也不要懊丧，我们可以换一个角度来思考：现在的努力并不是为了现在的回报，而是为了未来。我们投身于商业是为了自己，是在为了自己而工作。人生并不是只有现在，而且有更长远的未来。固然，薪水要努力多挣些，但那只是个短期的小问题，最重要的是获得不断晋升的机会，为未来获得更多的收入奠定基础。更何况生存问题需要通过发展来解决，眼光只盯着温饱，得到的永远只有温饱。

暂时的放弃是为了未来更好地获得。尽管薪水微薄，但是，我们应该认识到，老板交付给的任务能锻炼我的意志，上司分配给我们的工作能发展我们的才能，与同事的合作能培养我们的人格，与客户的交流能训练我们的品性。企业是我们生活的另一所学校，工作能够丰富我们的思想，增进我们的智慧。

比如俾斯麦，别的方面我们姑且不谈，但在这一点上，他还是有值得学习的地方。俾斯麦在德国驻俄外交部工作时，薪水也很低，但是他却从来没有因为自己的工资低而放弃努力。在那里他学到了很多外交技巧，也锻炼了自身决策能力，这些对他后来的政治活动影响很大。

许多商界名人开始工作时收入都不高，但是他们从来没有将眼光局限于此，而是始终不渝地努力工作。在他们看来，缺少的不是金钱，而是能力、经验和机会。最后当他们功成名就之时，又如何衡量他们的收入是多少呢！

当你工作时，要时刻告诫自己：我要为自己的现在和将来而努力。无论你的工资收入是多还是少，都要清楚地认识到那只是你从工作中获得的一小部分。不要太多考虑你的工资，而应该用更多的时间去接受新的知识，培养自己的能力，展现自己的才华，因为这些东西才是真正的无价之宝。在你未来的资产中，它们的价值远远超过了现在所积累的货币资产。当你从一个新手、一个无知的员工成长为一个熟练的、高效的管理者时，你实际上已经大有收获了。你可以在其他公司甚至自己独立创业时，充分发挥这些才能，而获得更高的报酬。

也许你的老板可以控制你的工资，可是他却无法遮住你的眼睛，捂上你的耳朵，阻止你去思考，去学习。换句话说，他无法阻止你为将来所做的努力，也无法剥夺你因此而得到的回报。

但是生活中也有不少人为了求得一份收入丰厚的工作，放弃了个人的兴趣追求。工作时往往超负荷运转，个人空间极小。从社会对劳动力的不同需求来看，这种选择无可厚非。但这往往并不是人们心目中最理想的选择。赚钱当然是必要的，但人们除了工作之外，对其他事物也有追求，如自由的时间、良好的健康、满意的人际关系和幸福的家庭等等。因此，一份相对自由的、能充分发挥个人聪明才智的工作将越来越成为人们的首选择业目标。这样，人们就可能拥有更多灵活的时间，弹性安排自己的生活。这样的工作才是个性化的、理想的工作。

人必须懂得及时抽身，离开那看似最赚钱，却不再有进步的地方；必须鼓起勇气，不断学习，再去开创生命的另一高峰！

接受生活中的不完美

  人生是没有完美可言的，完美只是在理想中存在。生活中处处都有遗憾，这才是真实的人生。

  为那种"完美"的追求而苦恼，可能会留给我们更多的遗憾。

  在印度佛教的《百喻经》中，有这样一则可笑而发人深省的故事。

  有一位先生娶了一个体态婀娜、面貌娟秀的太太，两人恩恩爱爱，是人人称美的神仙美眷。

  这个太太眉清目秀，性情温和，美中不足的是长了个酒糟鼻子，好像失职的艺术家，对于一件原本足以称傲于世间的艺术精品，少雕刻了几刀，显得非常的突兀怪异。

  这位丈夫对于太太的鼻子终日耿耿于怀。一日出外去经商，行经贩卖奴隶的市场，宽阔的广场上，四周人声沸腾，争相吆喝出价，抢购奴隶。广场中央站了一个身材单薄、瘦小清癯的女孩子，正以一双汪汪的泪眼，怯生生地环顾着这群如狼似虎，决定她一生命运的大男人。这位丈夫仔细端详女孩子的容貌，突然间，他被深深地吸引住了。好极了！这个女孩子的脸上长着一个端端正正的鼻子，不计一切，买下她！

  这位丈夫以高价买下了长着端正鼻子的女孩子，兴高采烈，带着女孩子日夜兼程赶回家门，想给心爱的妻子一个惊喜。到了家中，把女孩子安顿好之后，他以刀子割下女孩子漂亮的鼻子，拿着血淋淋而温热的鼻子，大声疾呼：

  "太太！快出来哟！看我给你买回来最宝贵的礼物！"

  "什么样贵重的礼物，让你如此大呼小叫的？"太太狐疑不解地应声走出来。

"若！你看！我为你买了个端正美丽的鼻子，你戴上看看。"

丈夫说完，突然抽出怀中锋锐的利刃，一刀朝太太的酒糟鼻子砍去。霎时太太的鼻梁血流如注，酒糟鼻子掉落在地上，丈夫赶忙用双手把端正的鼻子嵌贴在伤口处。但是无论丈夫如何的努力，那个漂亮的鼻子始终无法粘在妻子的鼻梁上。

可怜的妻子，既得不到丈夫苦心买回来的端正而美丽的鼻子，又失掉了自己那虽然丑陋但却实用的酒糟鼻子，并且还受到无端的刀刃创痛。而那位糊涂丈夫的愚昧无知，更是叫人可怜！

也许世界发展到今天这个模样不会再有如此愚蠢的丈夫出现，但是人们追求完美的心理，却与故事中那个手拿利刃的丈夫如出一辙。有些人以为自己追求完美的心理是积极向上的表现，其实他们才是最可怜的人，因为他们是在追求不完美中的完美，而这种完美，根本不存在。也就是说他们所有的追求如海市蜃楼，只是一个幻影而已。

俗话说："人无完人，金无足赤。"人生确实有许多不完美之处，每个人都会有这样那样的缺憾，真正完美的人是不存在的，即使是中国古代的四大美女，也有各自的不足之处。历史记载，西施的脚大，王昭君双肩仄削，貂蝉的耳垂太小，杨贵妃还患有狐臭。道理虽然浅显，可当我们真正面对自己的缺陷和生活中不尽如人意之处时，却又总感到懊恼、烦躁。

■ 微笑着走向残缺的生活

忘记带来微笑，记住带来愁苦。

——罗尔塔

汪国真有诗云：我微笑着走向生活，／无论生活以什么方式回敬我，／报我以平坦吗？／我是一条欢快奔流的小河。／报我以崎岖吗？我是一座大山挺峻巍峨……谁能说人生没有遗憾、没有失落，／失落之中只伴随着忧郁，／阳光照不到你的生活；／只有微笑着走向生活，／才发现原来沿途开满了花朵。

一日，某君去拜访一位很懂音乐的朋友，未入其门，先闻琴声，急急地叩门后，朋友迎出，而琴声依旧。朋友微笑地一指内屋："我的学生。"

循声望去，一个十一二岁的、顶着两个大红蝴蝶结的小女孩的侧影，随着她手指的轻巧跳动，一串串音符鲜活地流出，时而如清泉击石般玲珑清越，忽而又恰似落英飘水，优美深情得令人感动。

一曲终了，女孩缓缓地转过头，凝视着这边，某君惊诧得几乎脱口而出：盲女！

这意味着她从来见过大海、蓝天，甚至一株小草，就是说，那由黑白相间的琴键飞扬出的动人琴声，不是用手指而是用整个心灵拨动的。然而这又是多么美的琴声！

朋友望着某君，女孩也微笑地"望"着他，他却蓦然觉得鼻子酸酸的。

无法估量，那位朋友教那个女孩学习，是怀抱怎样的爱心与执着，只知道那琴声如生命的泉源，渗透着美与活力。

以后的日子，某君每每走在平坦洁净的街上，抬头看蓝天丝丝的云缕，极目远山的青黛苍翠，便会想起那个未曾也永远不会看见这一切的小女孩和她用心灵编织的优美的琴声，便觉得所有的烦忧，愁苦都卑微得令人汗颜。

体会了没有脚的痛楚，才明白为没有鞋子而哭泣是多么浅薄；经历了归途的风雨坎坷，蓦然回首，才发现来时的路却是怎样美丽的一种风景。

真的，没有人能够完全把握前路的东西，但却也没有理由不微笑走向生活……

古语云：甘瓜苦蒂，物不全美。从理念上讲，人们大都承认"金无足赤，人无完人"。正如世界上没有十全十美的东西一样，也不存在什么十全十美的完人。但在认识自我、看待别人这一具体问题上，许多人仍然习惯于追求完美，对自己要求样样都美满，对别人也往往求全责备。

"真空"不空，而是各种虚粒子组成的特殊形态；"纯金"不纯，用现代最先进的冶炼技术也不能完全免除杂质；所谓"无水酒精"仍然含有一定的水。自然界的事物没有纯粹的，人也没有什么"完人"。我们听说的那些神话故事和伟大业绩太多了，使人沉溺于"完美无缺"的幻想之中。历史书籍、传播媒介经常告诉我们那些伟人、圣贤、国父、导师、英雄和明星等等都是高不可攀的人物，因而有志于建功立业和害怕别人挑剔的人也要成为样样俱全、一切都完美的人，并试图建立完美的人际关系。

好心态成就好人生

难道那些伟人、英雄、名人、明星果真是那么光彩夺目、无可挑剔吗？绝非如此。任何人总是有优点和缺点两个方面。俗话说"寸有所长，尺有所短"，"十个手指不一般齐"。长处再多的人，也不免有所短；缺点再多的人，也必定有所长。对一个具体的人不能说好就夸是"一朵花"，也不能说坏就骂是"豆腐渣"。

世人皆知的英国物理学家牛顿，声名赫赫。但他的后半生却令人惋惜。他花费二十多年的时间和精力试图证明上帝的存在，并要从上帝那里找到天体运行的推动力，结果是可想而知了。

意大利物理学家、天文学家伽利略，有着卓越的科学贡献。可在宗教裁判所的淫威下，他两次受审，两次屈服，并发誓："我摒弃并憎恶我过去的异端邪说……我现在宣布并发誓说，地球并不环绕太阳而运行。"

美国大发明家爱迪生，有过一千多项发明，被誉为"发明大王"。但他在晚年，却固执地反对交流输电，一味主张直流输电。

电影艺术大师卓别林创造了深刻而生动的喜剧艺术形象，但他却极力反对有声电影。

创立了相对论的20世纪最伟大的科学家爱因斯坦，他的智慧带来了科学思想的革命，却不能处理好自己的家庭关系。

去年是奥地利圆舞曲大王约翰·施特劳斯逝世100周年。一本新出版的传记以几百封从未曝光的书信为依据指出，这位创作了《蓝色多瑙河》等许多著名圆舞曲的施特劳斯，其实动作笨拙，不会跳舞。他还害怕阳光，非常胆小，也害怕黑暗，不敢独处，没有半点幽默感。真正的施特劳斯与众人想象中的活泼形象完全不同。

这些事实说明，巨人、大师、著名人物也都不是完人、超人，也不可能十全十美。他们的缺点和失误比之于他们给予人类的贡献，当然是次要的。但通过这些事实，我们应当明白，人无完人，人生必有缺憾，才是真实的，正常的。

维纳斯塑像的断臂，引得众多的学者、文人、工匠进行思考、论证、试验，想对她的断臂进行重新"安装"。可是，种种假设和计划均告失败。于是，围绕在维纳斯身上的神秘感越来越浓。作为爱神，断臂的维纳斯似乎更受人们的喜爱，也更能引起人们作种种的猜想和遐思。由此可见，并不完美的缺憾之处从某种意义上看不也是一种美么？

所以，当缺憾也成为一种美的时候，面对生活中仅有的一些不顺利，你除了坦然接受，泰然处之，还有什么其他的选择吗？

完美是一种理想

踏实工作，不驰于空想，不骛于虚声，唯以求真的态度做事，则功业可就。

——李大钊

有这样一则寓言：

有个叫伊凡的青年，读了契诃夫"要是已经活过来的那段人生，只是个草稿，有一次誊写，该有多好"这段话，十分神往，打了份报告递给上帝，请求在他的身上搞个试验。

上帝沉默了一会儿，看在契诃夫的名望和伊凡的执着份上，决定让伊凡在寻找伴侣一事上试一试。

到了可婚年龄，伊凡碰上了一位绝顶漂亮的姑娘，姑娘也倾心于他，伊凡感到非常理想，他们很快结成夫妻。

不久伊凡发觉姑娘虽然漂亮，可她一说话就"豁边"，一做事就"翻船"，两人心灵无法沟通，他把这第一次婚姻作为草稿抹了。

伊凡第二次的婚姻对象，除了绝顶漂亮以外，又加上绝顶能干和绝顶聪明。可是也没多久，他发现这个女人脾气很坏，个性极强。聪明成了她讽刺伊凡的"利器"，能干成了她捉弄伊凡的手段，他不像她的丈夫，倒像她的牛马、她的工具。伊凡无法忍受这种折磨，他祈求上帝，既然人生允许有草稿，请准予三稿。

上帝笑了笑，也允了。

伊凡第三次成婚时，他妻子的优点，又加上了脾气特好一条，婚后两个和睦亲热，都很满意，半年下来，不料娇妻患上重病，卧床不起，一张病态黄脸很快抹去了年轻和漂亮。能干如水中之月，聪明也一无是处，只剩下了毫无魅力可言的好脾气。

从道义角度看，伊凡应厮守终生，但从生活角度看，无疑是相当不幸的。人生只有一次，一次无比珍贵，他试探能否再给他一次"草稿"和"誊写"。

上帝面有愠色，但想到试点，最后还是宽容他再作修改。

伊凡经历了这几次折腾，个性已成熟，交际也老练，最后终于选到了一位年轻、漂亮、能干、温顺、健康，要怎么就怎么好的"天使"女郎。他满意透了，正想向上帝报告成功，向契诃夫称道睿智，不想"天使"竟要变卦，她了解了伊凡是一个朝三暮四、贪得无厌、连病中人也不体恤的浪荡男人，提出要解除婚约。

上帝很为难，但为了确保伊凡的试验，未允。

"天使"说，我们许多人被伊凡做了草稿，如果试验是为了推广，难道我们就不能有一次草稿和誊写的机会。满肚狐疑的伊凡，正在人生路上踟蹰，忽见前方新竖一杆路标，是契诃夫二世写的："完美是种理想，允许你十次修改也不会没有遗憾！"

人生是没有完美可言的，完美只是在理想中存在。生活中处处都有遗憾，这才是真实的人生。

因而人不能苦闷于那种"完美"的追求之中，这样可能会留给我们更多的遗憾。

所以，我们能做的更多的是适应并接受自己所面对的生活，微笑从容地应对生活中的一切酸涩，用超然和平静的心接纳生活中的不完美。

希望取得成功的原因来自我们文化传统中最具有自我毁灭性的四个字，你成千上万次地听到并使用的这四个字——"尽力做好"！这就是渴望取得成功这一心理的根源所在。"不管你做什么事，尽力做好。"可是，骑骑自行车郊游，或到公园去随便散散步，又有什么不对的呢？在你生活中，为什么不能仅仅去做一些事情，而并不"尽力做好"呢？"尽力做好"这种误区心理会使你既不能尝试新的活动，也不能欣赏目前的活动。

一位 18 岁的高中生，名叫卢安。她满脑子都是想要成功的概念。她是个标准的全优生，踏进校门以来就一直如此。她每天花大量的时间拼命读书、做作业，因而没有时间过自己的生活。她简直就是一架储存书本知识的计算机。可是，卢安非常羞于和男孩子接触，长到这么大还从未同男孩子拉过手，更别说约会了。她养成了一种神经性抽搐的习惯，每当我们谈及她性格的这一方面时，她的面部就会抽搐。卢安一心想做一个成功的学生，并因此而忽略了全面发展。在询诊中，心理医生问她，在她生活中什么更重要一些，"是你的知识,还是你的感觉?"——她自己也搞不清楚。尽管她是个出类拔萃的优等生,但她却缺乏内心的安宁,而且实际上非常不幸福。在询诊之后,她开始重视自己的情感,她用学习课程的顽强精神来学习新的思维方法。一年之后,卢安的妈妈说她女儿在大学一年级英语考试中有生以来头一次得了个3分,她非常担心。心理医生告诉她,这是件大好事,正说明她女儿在其他方面开始有所用心,说明她在全面发展;当妈妈的应该带她到饭馆里好好庆贺一番。

实际上,追求完美的人由于经常遭遇到挫折和压力,因此可能降低他们的创作能力和工作效果。当然,不重视素质的人根本就难以获得真正的成就,但"追求完美的人"却强迫自己勉力达到不可能的目标,并且完全用成就来衡量自己的价值。结果,他们便变得极度害怕失败。他们感到自己不断受到鞭策,同时又对自己的成就不满意。事实证明,强逼自己追求完善不但有碍健康,还会引起像沮丧、焦虑、紧张等情绪不安的症状,而且在工作效果、人际关系、自尊心等方面,也会自招失败。

温斯敦·丘吉尔曾讲过一句著名的话:"唯尽善尽美者为上"。这句格言的含义就是两个字:瘫痪。

是的,事事追求完善、都要拼命做好,这会使你自己陷入瘫痪。不要让尽善尽美主义妨碍你参加愉快的活动,而仅仅成为一个旁观者。你可以试着将"尽力做好"改成"去做"。

你要牢记,追求完美心理的背后隐藏着恐惧。当然,追求完美也有一个好处,就是必须冒着失败和受人批评的危险。不过,你同时会失去进步、冒险和充分享受人生的机会。说来奇怪,敢于面对恐惧和保留犯错误权利的人,往往生活得更快乐和更有成就。

世界并不完美,人生当有不足

不苟求生活,才可享受到生活的快乐。

——佚名

一位才思敏捷的牧师对会众作了一场精彩的讲道,他以肯定自己的价值作为结尾,强调每一个人都是上帝眷顾的宝贝,每一个人都是从天而降的天使。

活在这个世界上，每一个人都要善用上帝给予的恩赐，发挥自己最大的能力。

信众当中有人不服牧师的讲法，站起身来指着令自己不满意的扁塌鼻子，说道："如果照你所说，人是从天而降的天使，请问有塌鼻子的天使吗？"

另一位嫌自己腿短的女子也起身表示同样的意见，认为自己的短腿不是上帝完美的创造。

牧师轻松而自信地回答："上帝的创造是完美的，而你们两人也确实是从天而降的天使，只不过……"他指了指那名塌鼻子的朋友："你降到地上时，让鼻子先着地罢了。"牧师又指着那位嫌自己腿太短的女子："而你，虽是用脚着地，却在从天而降的过程中，忘了打开降落伞。"

人生总有些难尽人意，但这却不是上天的责任。我们不能放弃自己，又不能苛求自己更完美。一个人如果对自己和他人要求过高，总是追求完美，

强迫自己做到尽善尽美，会妨碍你取得成功，阻碍你享受成功所带来的一切欢愉。成功，是每一个人追求及向往的目标，在这个目标的推动下，人能够被激励、鞭策、奋发向上，向美好的未来前进。然而，如果脱离客观现实，为自己设下可望而不可即的目标，那么，其结果往往只会使自己压抑、担心和失望，更别提享受快乐了。

有一个男人，他一辈子独身，因为他在寻找一个完美的女人。当他70岁的时候，有人问他："你一直在到处旅行，始终在寻找，难道你没能找到一个完美的女人？甚至连一个也没找到？"

老人非常悲伤地说："是的，有一次我碰到了一个完美的女人。"

那个发问者说"那么为什么你们不结婚呢？"

老人伤心地说："没办法，她也正在寻找一个完美的男人。"

事实上，完美主义者经常患得患失，惧怕失败的焦虑和压力束缚了他们的手脚、压抑了他们的创造性，使其工作效率降低。完美主义者在性格上表现为固执、刻板、不灵活，给自己或他人设定一个很高的标准，非要达到不可，受到挫折就感到很痛苦，不能接受。

完美主义的人往往不愿意接受自己或他人的弱点和不足，非常挑剔。有的人没有什么好朋友，总也找不着伴侣，和谁也和不来，经常换单位，为什么？那是因为他谁也看不上，甚至会因为别人的一些小毛病，而忽略了别人主要的优点。有的人不允许自己在公共场合讲话时紧张，更不能容忍自己紧张时不自然的表情，一到发言时就拼命克制自己的紧张，结果越发紧张，形成恶性循环。有的人不允许自己身体有丝毫不舒服，经常怀疑自己得了重病，经常去医院检查。其实，每个人都有缺点和不足，都会有紧张、不适的体验，这是正常的表现，必须学会接受它们，顺其自然。如果非要和自然规律抗拒，必然会愈抗愈烈。

完美主义的人表面上很自负，内心深处却很自卑。因为他很少看到优点，总是关注缺点，总是不知足，很少肯定自己，自己就很少有机会获得信心，当然会自卑了。不知足就不快乐，痛苦就常常跟随着他，周围的人也一样不快乐。学会欣赏别人和欣赏自己是很重要的，是使人更进一步实现下一个目标的基石。

完美主义的人容易只顾细节而忘记了主要目标，让别人觉得他捡了芝麻丢了西瓜。工作常常因此而没有效率。许多时候你要让自己"豁出去"。

世界并不完美，人生当有不足。留些遗憾，反倒可使人清醒，催人奋进，反是好事。有句话叫作没有皱纹的祖母最可怕，没有遗憾的过去无法链接未来。

我们所要做的就是要接受目前的自己，重新开始生活。学会忍受你本身的不完美，要用智慧认清你的缺点，但不要忘记，为了缺点而恨透自己，只会招致不幸。将你的"自己"与你的行为区分开来，"你"并不会因为犯错或走偏了路而败坏、无价值，就像打字机不会因为出了毛病或小提琴不会因为发出噪音而无价值一样。不要因为不完美而恨自己，你有很多的朋友，他们没有一个是十全十美的。那些伪装完美、追求完美的人，其实正在拿自己一生的幸福开玩笑。

适应不完美的事实

对必然的事轻快地承受，就像杨柳承受风雨，青松承受大雪，我们也要承受一切事实。

——卡耐基

卡耐基碰到一个在纽约市中心一幢办公大楼里开运货电梯的人，他的左手齐腕被砍断了。卡耐基问他少了那只手会不会觉得难过，他说："噢，不会，我根本就不会想到它。只有在要穿针的时候，才会想起这件事。"

如果有必要，我们差不多都能接受任何一种情况，使自己适应，然后就整个忘了它。

在漫长的岁月中，我们一定会碰到一些令人不快的情况。我们可以把它们当作一种不可避免的情况加以接受，并且适应它。

伊丽莎白·康黎学到了须接受和适应那些不可避免的事。那些曾经在位的皇帝们，也常常提醒他们自己这样做。乔治五世在他白金汉宫卧房里的墙上挂着下面一句话："不要为月亮哭泣，也不要为过去的事后悔。"叔本华说："能够顺从，是你在踏上人生旅途后最重要的一件事。"

很显然，环境本身并不能使我们快乐或悲伤，我们对周围环境的反应才能决定我们的悲欢。

在必要的时候，我们都能忍受灾难和悲剧，甚至战胜它们。我们内在的力量坚强得惊人，只要我们肯加以利用，就能帮助我们克服一切。

好心态成就好人生

坚强的布斯·塔金顿总是说："人生加诸我的任何事情，我都能接受，只除了一样，就是瞎眼。那是我永远也没有办法忍受的。"然而，在他60多岁的时候，有一天他低头看着地毯，色彩全是模糊的，他无法看清楚地毯的花纹。他去找一个眼科专家，知道了那不幸的事实：他患了白内障，视力在减退，有一只眼睛几乎全瞎了，另一只离瞎也为期不远了。他最怕的事情，终于发生了。塔金顿对这种"所有灾难里最可怕的"有什么反应呢？他是不是觉得这下完了呢？没有，他自己也没有想到他还能觉得非常开心，甚至于还能善用他的幽默感。

当塔金顿完全失明后，他说："我发现我能承受失明，即使是我五种感官全丧失了，我还能够继续生存在我的思想里，在思想里看，在思想里生活。"

塔金顿为了恢复视力，在一年之内接受了12次手术，他有没有害怕呢？他知道他没有办法逃避，唯一能减轻他痛苦的办法就是爽快地去接受它。他尽力让自己去想他是多么的幸运。"多么好啊，"他说，"现在科学已经如此进步，能够为人的眼睛这么纤细的东西动手术了。"

这件事使他了解到生命所能带给他的没有一样是他不能忍受的，正如富尔顿所说："瞎眼并不令人难过，难过的是你不能忍受瞎眼。"

诗人惠特曼写道：

要像树和动物一样，去面对黑暗、暴风雨、饥饿、愚弄、意外和挫折。

我们从来没有看到哪一条母牛因为草地缺水干枯，天气太冷，或者是哪条公牛追上了别的母牛而大为发火。动物都能很平静地面对夜晚、暴风雨和饥饿，所以它们从来不会精神崩溃或者是患胃溃疡，它们也从来不会发疯。

不论在哪一种情况下，只要还有一点挽救的机会，我们就要奋斗。可是当常识告诉我们，事情已不可避免——也不可能再有任何转机，那么，请保持我们的理智，不要"左顾右盼，无事自忧"。

许多美国有名的生意人，都能接受那些不可避免的事实而过着无忧无虑的生活。如果不这样的话，他们就会在过大的压力下被压垮。

创设了遍及全美的潘氏连锁商店的潘尼说："哪怕我所有的钱都赔光了，我也不会忧虑，因为我看不出忧虑可以让我得到什么。我尽我所能把工作做好，至于结果就要看老天爷了。"中国也有句古话说："谋事在人，成事在天。"

莎拉·班哈特曾经是全世界观众最喜爱的一位女演员，她在71岁那一年破产了——所有的钱都损失了，而她的医生——巴黎的波基教授告诉她必须把腿锯断。她因摔伤染上了静脉炎、腿痉挛，医生觉得她的腿一定要锯掉，又怕把这个消息告诉那个脾气很坏的莎拉。然而，当他告诉她的时候，他简直不敢相信，莎拉看了他一阵子，然后很平静地说："如果非这样不可的话，那只好这样了。"这就是命运。

当她被推进手术室的时候，她的儿子站在一边哭，她朝他挥了下手，高高兴兴地说："不要走开，我马上就回来。"

在去手术室的路上，她一直背诵她演过的一出戏里的台词。有人问她这么做是不是为了提起她自己的精神，她说："不是的，是要让医生和护士们高兴，他们受的压力可大得很呢。"

手术后，莎拉·班哈特还继续环游世界，使她的观众又为她风靡了7年。

当我们不再反抗那些不可避免的事实之后，我们就能节省下精力，创造出一个更丰富的生活。只有以一个平和心态接受已有的事实，面对无法逾越的生活时空，超然且坦荡地包容一切，接纳一切，你才能快乐地活，轻松地活，美好地活。

抱怨只会让事情更糟

如果一个人从年轻时就懂得永不抱怨的价值，那实在是一个良好而明智的开端。倘若你还没修炼到此种境界，就最好记住下面的话：如果说不出别人的好话，就宁可什么话也不说。

"烦死了，烦死了！"一大早就听王宁不停地抱怨，一位同事皱皱眉头，不高兴地嘀咕着："本来心情好好的，被你一吵也烦了。"

王宁现在是公司的行政助理，事务繁杂，是有些烦，可谁叫她是公司的管家呢，事无巨细，不找她找谁？

其实，王宁性格开朗，工作起来认真负责，虽说牢骚满腹，该做的事情，一点也不曾拖延。设备维护，办公用品购买，交通讯费，买机票，订客房……王宁整天忙得晕头转向，恨不得长出8只手来。再加上为人热情，中午懒得下楼吃饭的人还请她帮忙叫外卖。

刚交完电话费，财务部的小李来领胶水，王宁不高兴地说："昨天不是来过吗？怎么就你事情多，今儿这个、明儿那个的！"抽屉里翻出一个胶棒，往桌子上一扔，说："以后东西一起领！"小李有些尴尬，又不好说什么，忙赔笑脸："你看你，每次找人家报销都叫亲爱的，一有点事求你，脸马上就长了。"

大家正笑着呢，销售部的王娜风风火火地冲进来，原来复印机卡纸了。王宁脸上立刻晴转多云，不耐烦地挥挥手："知道了。烦死了！和你说一百遍了，先填保修单。"单子一甩，"填一下，我去看看。"王宁边往外走边嘟囔："综合部的人都死光了，什么事情都找我！"对桌的小张气坏了："这叫什么话啊？我招你惹你了？"

态度虽然不好，可整个公司的正常运转真是离不开王宁。虽然有时候被她抢白得下不来台，也没有人说什么。怎么说呢？她不是应该做的都尽心尽力做好了吗？可是，那些"讨厌"，"烦死了"，"不是说过了吗"……实在是让人不舒服。特别是同办公室的人，王宁一叫，他们头都大了。"拜托，你不知道什么叫情绪污染吗。"这是大家的一致反应。

年末的时候公司民主选举先进工作者，大家虽然觉得这种活动老套可笑，暗地里却都希望自己能榜上有名。奖金倒是小事，谁不希望自己的工作得到肯定呢？领导们认为先进非王宁莫属，可一看投票结果，50多份选票，王宁只得12张。

有人私下说："王宁是不错，就是嘴巴太厉害了。"

王宁很委屈：我累死累活的，却没有人体谅……

抱怨的人不见得不善良，但常常不受欢迎。抱怨就像用烟头烫破一个气球一样，让别人和自己泄气。谁都不愿靠近牢骚满腹的人，怕自己也受到传染。抱怨除了让你丧失勇气和朋友，于事无补。

播种蒺藜不会收获牡丹

抱怨只会使心灵阴暗，爱和愉悦则使人生明朗开阔。

——海伦

几乎在每一个公司里，都有"牢骚族"或"抱怨族"。他们每天轮流把"枪口"指向公司里的任何一个角落，埋怨这个、批评那个，而且，从上到下，很少有人能幸免。他们的眼中处处都能看到毛病，因而处处都能看到或听到他们的批评、发怒或生气。

小王刚出来打工时，和公司其他的业务员一样，拿很低很低的底薪和很不稳定的提成，每天的工作都非常辛苦。他拿着第一个月的工资回到家，向父亲抱怨说："公司老板太抠门了，给我们这么低的薪水。"慈祥的父亲并没有问具体数字。而是问："这个月你为公司创造了多少财富？你拿到的与你给公司创造的是不是相称呢？"从此，他再也没有抱怨过，既不抱怨别人，也不抱怨自己。更多的时候只是感觉自己这个月的成绩太少，对不起公司给的工资，于是他更加勤奋地工作。两年后，他被提升为公司主管业务的副总经理，工资待遇提高了很多，他时常考虑的仍然是："今年我为公司创造了多少？"有一天，他手下的几个业务员向他抱怨："这个月在外面风吹日晒，吃不好，睡不好，辛辛苦苦，大老板才给我500元！你能不能跟大老板建议给增加一些？"他问业务员："我知道你们吃了不少苦，应该得到回报，可你们想过没有，你们这个月每人给公司只赚回了2000元，公司给了你们500元，公司得到的并不比你们多。"业务员都不再说话，以后的几个月，他手下的业务员成了全公司业绩最优秀的业务员，他也被老总提拔为常务副总经理，这时他才27岁。去人才市场招聘时，凡是抱怨以前的老板没有水平、给的待遇太低的人他一律不要，他说，持这种心态的人，不懂得反思自己，只会抱怨别人。

抱怨一般有三种：一种是工作上的抱怨，如抱怨上司不公平、待遇不佳、工作太多、同事不合作等等；另一种是生活上的抱怨，如抱怨物价太高、小孩不乖、身体不好等等；还有一种是对社会的抱怨，总是愤世嫉俗，对不公平之事极度不满。

人都有一种正义与刚毅之气，有一种自尊之需，因此难免会对周围的不平之事发泄自己心中的情绪，但你要知道你的抱怨不会给别人带来任何益处。

别人没有听你抱怨的义务，你的抱怨如果与听者毫无关系，会让对方不耐烦，如果你经常抱怨，下次他看见你便会躲得远远的。

有问题才会抱怨，如果你抱怨的都是一些很小的事情，而且天天抱怨，那就会给人一种"无能"的印象。一个能干之人，如果因为爱抱怨而被人认为"无能"，那不是很冤枉吗？

如果你时常抱怨别人，那么你也会被认为是个不合群、人际关系有问题的人，否则为什么别人不抱怨？

对工作的抱怨如果言过其实或无中生有，那么不仅听的人不以为然，不同情你，反而会抵制你，连上司也会对你表示反感。

抱怨也会使自己的情绪恶化，看什么都不顺眼，使自己陷入一种自己制造出来的消极情境之中。

经常抱怨也会变成一种习惯，遇到压力或不如意之事，便先抱怨一番，这是最可怕的事。

抱怨也会影响其他人的情绪，让不明真相的人心理产生波动，这会破坏工作场所的气氛，而你这种行为也必将受到指责。

告别抱怨的理由：

（1）抱怨解决不了任何问题。

分内的事情你可以逃过不做么？既然不管心情如何，工作迟早要做，那何苦叫别人心生不快呢？太不明智了！有发牢骚的工夫，还不如动动脑筋想想办法：事情为什么会这样？我所面对的可恶现实与我所预期的愉快工作有多大的差距？怎样才能如愿以偿？

（2）发牢骚的人没人缘。

没有人喜欢和一个满腹牢骚的人相处。再说，太多的牢骚只能证明你缺乏能力，无法解决问题，才会将一切不顺利归于种种客观因素。若是你的上司见你整日哼哼唧唧，他恐怕会认为你做事太被动，不足以托付重任。

（3）冷语伤人。

同事只是你的工作伙伴，而不是你的兄弟姐妹，就算你句句有理，谁愿意对你的指责洗耳恭听？每个人都有貌似坚强实则脆弱的自尊心，凭什么对你的冷言冷语一再宽容？很多人会介意你的态度："你以为你是谁？"何况很多人不会把你的好放在心上，一件事造成的摩擦就可能使对方认为你一无是处。

（4）重要的是行动。

把所有不满意的事情罗列一下，看看是制度不够完善还是管理存在漏洞。公司在运转过程中，不可能百分之百地没有问题。那么，快找出来，解决它；如果是职权范围之外的，最好与其他部门协调，或是上报公司领导。请相信，只要你有诚意，没有解决不了的问题。

当然，如果你尽力了，还是无法力挽狂澜，那么也尽快停止抱怨吧，不妨换个工作。

与其抱怨，不如实干

不会好好生活的人，最会抱怨它的匆匆而过。

——拉布吕耶尔

如果你还有时间抱怨，那么你就有时间把工作做得更好；如果你已觉得抱怨无济于事，你就应该去寻找克服困难、改变环境的办法；如果你认为抱怨是一种坏习惯，你就应该化抱怨为抱负，变怨气为志气。

世界是美丽的，世界也是有缺陷的；人生是美丽的，人生也是有缺陷的；工作是美丽的，工作也是有缺陷的。因为美丽，才值得我们活一回，因为有缺陷，才需要我们弥补，需要我们有所作为。

一位伟人曾说："有所作为是生活中的最高境界。而抱怨则是无所作为，是逃避责任，是放弃义务，是自甘沉沦。"不论我们遭遇到的是什么境况，光是喋喋不休地抱怨不已，都注定于事无补，还会把事情弄得更糟。而这绝不是我们的初衷。

倘若我们的抱怨毫无理由，就应从根本上改变自己的心态，由消极变为积极，由推诿变为主动，由事不关己变为责任在我。即使我们的抱怨具备十足的理由，那也还是不要抱怨吧！在逆境中拼搏能够产生巨大的力量，这是人生永恒不变的法则。当你遇到某一个难题时，也许一个珍贵的机会正在悄悄地等待着你。对于一个优秀的员工而言，公司的组织结构如何，谁该为此问题负责，谁应该具体完成这一任务都不是最重要的，在他心目中唯一的想法就是如何解决问题。不论是谁的责任，我们都不妨换一个角色，比如自己就是这件事的责任人，你将如何来更好地解决这些问题？

有一个小药店的店主，一直想找一个能干一番大事业的机会。每天早晨他一起来，就希望自己今天能够得到一个好机会。然而，好长时间过去了，他认为的机会并没有出现。对此，他抱怨不已，他认为自己有干大事业的本事，却没有干大事业的机会。生活中的大部分时间他并不是去研究市场，而是经常在花园里去做所谓的"散心"，而他经营的小药店也为此门庭冷落了。

在现实生活中，我们中的大多数人都不免多少有点像这个店主。看见别人的成功便无形中会生出点嫉妒，并且在这种嫉妒之余，常常还会妄自菲薄，总以为别人的工作才是最好的，而自己呢？自己总是看不到什么希望。我们总是把别人的成功归之于运气好，于是，我们也梦想着那好运能早一天降临到自己的头上来。

后来，这个药店的店主战胜了自己这种消极的态度，而他接下来的所作所为，我们可以将其视为榜样。那么，他是怎么做的呢？他的办法其实很简单：就是无论什么人，不管他们的地位是高还是低，自己都主动地去和他们接触。

有一天，他这样问自己："我为什么一定要把自己的希望、自己未来的奋斗目标寄托在那些自己一无所知的行业上呢？为什么不能在自己现在相对熟悉的医药行业干出一番大事业来呢？

于是，他下定决心摆脱自己以前的那种怨天尤人的心态，就从自己的药店做起，他把自己的这一事业当作一种极为有兴趣的游戏，以此来促进他生意的发展。他让自己用那种发自内心的热情告诉别人，他是如何尽量提高服务质量使顾客满意，以及他对药店这一行业有多么大的兴趣。

"如果附近的顾客打电话来要买东西，我就会一面接电话，一面举手向店里的伙计示意，并大声地回答说：'好的，赫士博克夫人，二十片安眠药，一瓶三两的樟脑油，还要别的吗？赫士博克夫人，今天天气很好，不是吗？还有……'我尽量想些别的话题，以便能和她继续谈下去。

"在我和赫士博克夫人通电话的同时，我指挥着伙计们，让他们把顾客所需要的东西以最快的速度找出来。而这时负责送货的人，脸上带着笑容，正忙着穿外衣。在赫士博克夫人说完她所要的东西之后不到一分钟，送货的人已带着她所需要的东西上路了。而我则仍旧和她在电话中闲谈着，直到等她说：'呵，瓦格林先生，请先等一等，我家的门铃响了。'

"于是我笑了笑，手里仍拿着话筒。不一会儿，她在电话中说：'喂，瓦格林先生，刚才敲门的就是你们的店员，他给我送东西来了！我真不知道你怎么会这么快，实在是太不可思议了。我打电话给你还不过半分钟呢！我今天晚上一定要把这事告诉赫士博克先生。'

"因为我这里有优质的服务，过了不久，几条街以外的居民也都舍近求远地跑到了我们店里来买药了。以至于后来城里好多别的药店老板都跑到我这儿来取经，他们不明白，为什么偏偏我的生意会做得这样好？"

这便是查尔斯·瓦格林成功的方法，也正是这一方法，使得他的小药店生意兴隆，其分店几乎在全美遍地开花，以前所未有的速度迅速地占领了美国医药业的零售市场。在当时的美国医药零售业中，他的公司拥有的分店数量及其规模占全国第二。并且他的事业还在继续健康地发展下去。

他的医药事业之所以能够成功，有一个小小的秘诀，那就是：如果你能将自己所从事的工作当作一种有趣的游戏，而且能够用持续不断的热忱去经营它的话，机会不久便会站在你的门口。

瓦格林的成功多半得力于他对工作的态度，而不是工作的本身。当他看清楚他就好比是游戏中的作战者时，好运便跟随而来了。他承认自己是个作战者，并在此基础上仔细研究这游戏中的所有规则，然后再尽自己的力量好好地去努力。这样，他从中既能感觉到乐趣，工作起来又觉得容易。你何不自己也去试一试呢？

一般人认为，忠实可靠，尽职尽责地完成分配的任务就可以了，但这还远远不够，尤其对于那些刚刚踏入社会的年轻人来说更是如此。要想打开人生局面，必须做得更多更好。付出多少，得到多少，这是一个众所周知的因果法则。也许你的投入无法立刻得到相应的回报，也不要气馁，应该一如既往地多付出一些。回报可能会在不经意间以出人意料的方式出现。最常见的回报是晋升和加薪，但回报也可能来自其他方面和其他人，以一种间接的方式来实现。你付出的努力如同存在银行里的钱，当你需要的时候，它随时都会为你服务。

没有人欣赏好抱怨的人，就是因为这不是有出息的行为，真有志气、有出息的人从来不会抱怨。恐怕没有人愿意做一个没有志气、没有出息的人吧？那么，就把所有应该的抱怨和不应该的抱怨都一齐抛弃，开动脑筋，甩开臂膀，信心十足地大干一番吧，美好的前程在等着你呢！

■ 不要任何抱怨

应该尊重那些为我们劳动过，比我们受过更多苦难的人的意愿。

——高尔基

傍晚时分，过路的神见一位年轻人坐在一块石头上唉声叹气，他的身边放着一担柴火，显然是刚从山上砍下来的。

"年轻人，你有什么事吗？"神不解地问道。

"唉，别提了，每天上山前，我都计划砍两担柴，可是，每次不是体力不支，就是斧子钝了，以至于我的目标从未实现过。因此，我很沮丧，没有一天过得开心的。"

"万事不可强求，如果你顺其自然，就不会有这么多烦恼了。"神说完，就消失了。但是遇到此种情况你应该用积极的心态来面对。

好心态成就好人生

顺其自然——看似容易做起来难，但是你如果真能做到这一点，你肯定会从中获益良多。

你注意过没有，当你在公司里上班，没有任何干扰时，这一天你都能过得很快乐。如果你一心一意要执行某个计划，往往到最后会因为无法完成而灰心丧气。而且就算你完成了，你也会因为其间遭遇的困难而疲惫不堪。当然你难免有些计划要去执行，有些目标你也非实现不可。

有一个人从一棵椰子树下经过，一只猴子从上面丢下来一个椰子，正好打中了他的头。

这人摸了摸肿起来的头，然后把椰子捡起来，喝椰汁，吃椰肉，最后还用外壳做了一个碗。

朋友，假如猴子丢下的那个椰子打中的是你的头，你会用什么样的态度来对待这个"意外的打击"呢？如果是怨恨，是咒骂，那么不但无济于事，反而还会使你的心情变得更糟糕，如果你选择了积极的心态，就像故事中的那个人一样，只是摸了摸头上的肿块，然后捡起椰子，饶有兴致地吃掉果肉，并把椰壳做成一只碗。这时，你也有可能因心情的变好而感谢那只猴子、头上的肿块和椰子。因为如果没有这一切，或许你就无法解决旅途中的寂寞、饥饿和无聊。

卡特和弗明同时被公司解雇了，这如同"晴天霹雳"。

卡特在找不到其他工作时，干脆自己做起了小生意。这是他第一次当老板，做自己以前并不想做、也不熟悉的事。虽然面临很多的困难，但卡特却突然觉得生活更有意义，更具有挑战性，并认为这一切都是"晴天霹雳"带来的好处。

面对失业，弗明却选择了沮丧、颓废，他不愿重新去找工作，也不愿像卡特那样自谋生路，而是一味地怨天尤人，终日咒骂上苍的不公平。

若干年后，卡特和弗明在大街上相遇了。这时的卡特作为一个施舍者，向街边一个年老的、衣衫褴褛的乞丐递过去10美元，而那个伸着双手，跪在地上的乞丐正是弗明。

当初同样的境遇，两人面对"晴天霹雳"的不同心态，才造就他们今天的天壤之别。

因此，当灾难突如其来，你与其以消极抱怨的心态待之，不如以积极的心态去化解。当你以健康、积极的心态去化解灾难时，你就有可能从中得到更大的益处，这难道不是人生中的另一番收获吗？

变怨尤为快乐

如果一个人不能从他的工作里找到浪漫，不能怪工作本身，只能归咎于做这项工作的人。

——安德鲁·卡内基

旋！旋！旋！满满的一车螺丝钉都要旋出来！对于刚做旋车工的萨姆尔来说，他似乎觉得自己的一生都要消磨在旋钉子这件琐事上了。他满腹牢骚，老想着自己干什么别的不好，偏偏一定要来这旋钉子呢？就算他把这一大堆的螺丝钉都旋完了——但是，过一会马上又会有另一车堆在原来的地方，然后，自己又得不停地旋啊！旋啊！这一切多么可怕呀！

在第二架旋车上的旋车工荷维德听了萨姆尔的埋怨，也很郁闷地叹了口气，以表同情。他和萨姆尔一样，也很讨厌这份工作。

有什么办法呢？难道去找工头说：以自己的能力，做这种简单的体力活简直就是大材小用，因此，我希望得到另外一份更好的工作？但是，可以想象得到工头听到这些话时的轻蔑神情。

要么，干脆就辞职不干了，另外再去找一份工作！这可是他费了九牛二虎之力才找到的一份工作啊！萨姆尔是绝对不能轻易辞掉的。

难道就没有别的办法来改变一下这种讨厌的工作吗？办法总归会有的，关键在于你肯不肯动脑子去思考。当萨姆尔想到这一点时，他立刻想出一个很聪明的方法，可以使这种单调乏味的工作变成一件很有趣味的事——他要把它变成一种游戏。他转过头来对他的同伴说："让我们来比赛比赛吧，荷维德。你在你的旋机上磨钉子，把外面一层粗糙的东西磨下来。然后，我再把它们旋成一定的尺寸。我们比一比，看谁做得快。过一会如果你磨钉子磨烦了，我们再换着做。"

荷维德同意了他的建议，于是，他们俩之间的比赛马上就开始了。这样一来，果不其然，工作起来并不像以前那么烦闷了，而且工作效率还比以前提高了。不久，工头便给他们调换了一个较好的工作。

这位年轻的萨姆尔就是后来鲍尔文火车制造厂的厂长。

萨姆尔并不是咬紧他的牙齿，好像受酷刑一样去从事自己所痛恨的工作，而是把工作变成了一种游戏，使自己做起来饶有趣味。后来他说："如果你不能在你所从事的工作中闯一条路出来，你就应该换一个工作试一试。"

这是一个很好的忠告，但是秘诀便在寻求的方法上，一味地埋怨和厌烦是无法找到的，而是要通过一种更好的方法去做到这一点。

决定将来的工作是一种快乐还是一种折磨，多半取决于你对工作的态度，而不在于工作本身。如果你能将你事业的第一个基石安放在有价值的生活根基上，你就可以使工作成为一种享受。

一个人的降生，便是表示他在自然界中最大的游戏——生活的游戏中被选为选手之一。如果你能让自己主动加入这一伟大的游戏中，你所体验到的震惊该会是相当的巨大的！每一个黎明便是一个新的召唤，每一次跌倒后地爬起都是一个新的起点。你昨天失败过，那又有什么关系，今天新升的太阳又会给你带来一个崭新的机会，让你好好重新开始。如果你能将每天的生活视为一种去克服暂时的困难的机会，你每天得胜的机会便比前一天多。每天早晨，当你睁开双眼的时候，你便可以看到新的机会、新的得胜的可能、新的可得的奖品、新的可学的规则以及新的竞争者。

尽情地享受生活，还是以生活为苦役，这一切都要看你自己的选择。

对于你所从事的工作，应当抱有一种积极乐观的态度，这样，你才可以做得更好。只有比别人做得更好，你才能脱颖而出。如果你能尽自己最大的努力去做自己的工作，不错过每一个机会，这样一直坚持不懈地努力下去，胜利总会在某个地方拥抱你的。

和他人双赢会赢得更多

中国人喜欢用筷子作餐具，用过筷子的人都知道，只有将两支独立的筷子放在一起才能夹起你想要吃的东西。如果你分开它们，用其中的任一支来用餐，那么恐怕你就会饿肚子了。这两支筷子也蕴含了一个道理，那就是和他人双赢会赢得更多。

曾经有一名商人在一团漆黑的路上小心翼翼地走着，心里懊悔自己出门时为什么不带上照明的工具。忽然前面出现了一点光亮，并渐渐地靠近。灯光照亮了附近的路，商人走起路来也顺畅了一些。待到他走近灯光时，才发现那个提着灯笼走路的人竟然是一位盲人。

商人十分奇怪地问那位盲人说："你本人双目失明，灯笼对你一点用处也没有，你为什么要打灯笼呢？不怕浪费灯油吗？"

盲人听了他的问话后，慢条斯理地回答道："我打灯笼并不是为给自己照路，而是因为在黑暗中行走，别人往往看不见我，我便很容易被人撞倒。而我提着灯笼走路，灯光虽不能帮我看清前面的路，却能让别人看见我。这样，我就不会被别人撞倒了。"

这位盲人用灯火为他人照亮了本是漆黑的路，为他人带来了方便，同时也因此保护了自己。正如印度谚语所说："帮助你的兄弟划船过河吧！瞧，你自己不也过河了！"

乐于助人是双赢的基础

人多了，各人肩膀上的责任也就减轻了。

——易卜生

在这个纷繁复杂的社会中，每个人都需要别人的帮助。适应他人固然要心胸宽广和虚心学习，但如果仅仅是单方面地适应，则可能仍然得不到他人的支持与帮助。因此，具备施与心，还要具备帮助他人适应你的能力和习惯。

战胜对手、实现成功是我们的奋斗目标。良好的人际关系是促成成功的一个重要因素。人在通往成功的路上更多的是战胜自己，而不是战胜他人，更多的是与他人相互合作，而不是相互争斗。我们所说的竞争是合作前提下的竞争，是竞争与合作的对立统一。试想，纵然你获取了万贯财产，可是由于品行问题搞得众叛亲离，成了孤家寡人，哪里有一点幸福感可言？

成功与幸福始终是相伴而行的。缺乏情感的冷冰式的成功实际上是暂时的，伴随这样的成功而来的，更多的是痛苦，而不是喜悦。

所以，我们应将事业上的竞争定位为具体的工作，而不应是个别的某个人。朋友之间在事业上可以竞争，但在生活中还是好朋友；甚至一家人之间也存在竞争，但更重视合作。可以说，人来到世上，离开合作，谁也无法生存。因此，我们一方面提倡自助，另一方面主张接受帮助和给予帮助。我们不能单纯为了小范围的个人利益而相互争斗，我们应该为了大范围内的共同利益而合作。多帮助他人，才可能得到更多的帮助。

其实，帮助需要帮助的人，对帮助别人的人更有益处。

玛格丽特·泰勒·耶茨是一位小说家，但她写的小说没有一部比得上她自己的故事那么真实而精彩，她的故事发生在日本偷袭珍珠港的那天早晨。耶茨太太由于心脏不好，一年多来一直躺在床上不能动，每天得在床上度过22个小时。最长的旅程是由房间走到花园去进行日光浴。即使那样，也还得倚着女佣的扶持才能走动。

耶茨当年以为自己的后半辈子就这样卧床了。如果不是日军来轰炸珍珠港，她永远都不能真正生活了。

发生轰炸时，一切都陷入了混乱。一颗炸弹掉在耶茨家附近，将她震得跌下了床。陆军派出卡车去接海、陆军军人的妻儿到学校避难。红十字会的人打电话给那些有多余房间的人。他们知道耶茨床旁有个电话，问她是否愿意帮忙做联络中心。于是耶茨记录下了那些海军、陆军的妻小现在留在哪里，这样红十字会的人才能叫那些先生们打电话到耶茨那里找自己的眷属。

耶茨很快发现她的先生是安全的。于是，她努力为那些不知先生生死的太太们打气，也安慰那些寡妇们——好多太太都失去了丈夫。这一次阵亡的官兵共计2117人，另有960人失踪。

开始的时候，耶茨还躺在床上接听电话，后来她坐在了床上。最后，她越来越忙，又很亢奋，居然忘了自己的毛病，她开始下床坐到桌边。因为帮助那些比她状况还惨的人，她完全忘我了，她再也不用躺在床上了，除了每晚睡觉的8个小时。耶茨发现如果不是日本空袭珍珠港，她可能下半辈子都是个废人。此前，躺在床上的她总是在消极地等待，潜意识里已失去了复原的意志。

珍珠港遭袭是美国历史上的一大惨剧，但对耶茨个人而言，却是最重要的一件好事。这个危机给了耶茨一个活下去的重要理由，使她再也没有时间去想自己或照顾自己了。

心理医师的病人如果都能像耶茨太太所做的那样去帮助别人，起码有1/3可以痊愈。

人生不如意事十有八九，有时遭受的甚至是毁灭性的打击，在这种情况下，没有人会拒绝别人善意的帮助。"君子不乘人之危"是说正义的人不会在危急时刻再给他人伤口上撒一把盐，把别人置于死地。我们主张"君子好拯人之危"，是指在别人处于危难之时，君子能够挺身而出，伸出援助之手。电影或小说中经常有一些这样的片段：两个本是对手的人，其中一方落难后得到另一方的救助，而后两人成了亲密的朋友。敌人之间尚且如此，更何况大多数人是我们的朋友，因此，保持一颗同情心至关重要。

帮助他人有时只需要时间上的耗费和一些关怀的语言，有时则需要物质上的帮助。当然，如果从长远利益来看，牺牲这点个人利益是微不足道的。大家都知道"马歇尔计划"，如果当时美国只考虑到眼前利益，不拿出那么多钱来振兴西欧，它会长时间保持霸主地位吗？马歇尔计划帮助美国的企业主打开了西欧的市场，美国的产品在西欧占据了重要的市场份额。美国的思想和文化也趁机长驱直入。

再比如，当年微软和苹果争雄时，因为微软公司的"兼容"，允许各大电脑厂商使用自己的操作系统而使自己迅速发展为世界软件业巨头，相反，苹果的"不兼容"则使自己的路越走越窄。

俗话说"投之以桃，报之以李"，今天你帮助他人，他可能不会马上报答，但他会记住你的好处，也许会在你不如意时给你以回报。退一万步来说，你帮助别人，他即使不会报答你的厚爱，但可以肯定的是，他日后至少不会做出对你不利的事情。如果大家都不做不利于你的事情，这不也是一种极大的帮助吗？

■ 让合作者生活得更好，你才能更好地生活

合伙的人不一致，事业就要搞得糟糕，虽然自始至终担心着急，还是一点进展也没有。

——克雷洛夫

在广袤的欧洲大陆上，生活着一种美丽异常的动物，名叫蓝蝶，由于它外形的炫目，人们通常把它们称作"会飞的花朵"。然而几十年前，蓝蝶的翩翩身影在暖春的晴空里消失了。

道格拉斯·麦其逊是一个专门研究蝶类的昆虫学家，对这些"会飞的花朵"凋谢之谜作了广泛而深入的研究，最后得出的结论让人很是吃惊。麦其逊发现，导致蓝蝶的绝种竟然与两种蚂蚁的灭绝息息相关。

原来，蓝蝶是在醋酸植物上产卵繁殖的，必须得到两种小蚂蚁的帮助才能顺利进行。蓝蝶的幼虫，腹部分泌的挥发性物质，对于蚂蚁来说是极具诱惑性的香甜美食。闻到这一特殊的香味，蚂蚁就会爬到蓝蝶幼虫的腹部边尽情享受。

而蚂蚁并不是白吃。当蚂蚁在草地上发现蓝蝶卵时，马上来照顾这些幼小的生命，生怕被其他昆虫掠去。蓝蝶的幼虫是吃树叶的，每吃完一片树叶，众工蚁就把它抬到另一片新树叶上，让它吃个饱。蚂蚁与蓝蝶的这种互惠互利关系，经历了漫长岁月的考验。由于接受了工蚁的照顾，经受过刺激的蓝蝶幼虫的表皮，生长得比其他蝴蝶幼虫的表皮厚上 60 倍，可有效地防止蚂蚁那铁钳一样的上颚咬穿幼虫的表皮。冬天来临，工蚁就把它们搬进自己温暖

舒适的蚁穴里，蚂蚁在吸食蓝蝶幼虫分泌的"蜜露"时，甚至把自己的幼虫作为食物奉献给这位"贵宾"。

刚从茧蛹中钻出的蓝蝶也不必担心受到蚂蚁的攻击。因为新生蓝蝶的体表附着一层细小的鳞屑，就像滑石粉一样保护着蓝蝶。进攻的蚂蚁只有跟跟跄跄地在空中乱抓一气。就在这时候，蓝蝶伸展翅膀，自由自在地飞走了。

可是几十年前，贪婪的人类为了自私的目的，无情地侵占了这两种蚂蚁的生存空间。他们用推土机无情地把他们的栖息地毁了，小蚂蚁从此灭绝了。没有了相依为命的小蚂蚁，蓝蝶也就花殒香销。

无独有偶，在风景如画的美国加利福尼亚，年轻的海洋生物学家布兰姆做了一个十分重要的观察实验。这天，他潜入深水以后，看到了一个奇异的场面：一条银灰色的大鱼离开鱼群，向一条金黄色的小鱼快速游去。布兰姆以为，这条小鱼已在劫难逃了。然而，大鱼并没有恶狠狠地向小鱼扑去，而是停在小鱼面前，平静地张开了鱼鳍，一动也不动。那小鱼见了，便毫不犹豫地迎上前去，紧贴着大鱼的身体，用尖嘴东啄啄西啄啄，好像在吮吸什么似的。最后，它竟将半截身子钻入大鱼的鳃盖中。几分钟以后，它们分手了，小鱼潜入海草丛中，那大鱼轻松地去追赶自己的同伴了。在这以后的数月里布兰姆进行了一系列的跟踪观察研究，他多次见到这种情景。看来，现象并不是偶然的。经过一番仔细地观察，布兰姆认为，小鱼是"水晶宫"里的"大夫"，它是在为大鱼治病。

鱼"大夫"身长只有三四厘米，这种小鱼色彩艳丽，游动时就像一条飘动的彩带，因而当地人称它"彩女鱼"。鱼"大夫"喜欢在珊瑚礁中或海草丛生的地方游来游去，那是它们开设的"流动医院"。栖息在珊瑚礁中的各种鱼，一见到彩女鱼就会游过去，把它团团围住。有一次，布兰姆发现，几百条鱼围住了一条彩女鱼。这条彩女鱼时而拱向这一条，时而拱向另一条，用尖嘴在它们身上啄食着什么东西。而这些大鱼怡然自得地摆出了各种姿势，有的头朝上，有的头向下，也有的侧身横躺，甚至腹部朝天。这多像个大病房啊！

布兰姆把这条彩女鱼捉住，剖开它的胃，发现里面装满了各种寄生虫、小鱼以及腐烂的鱼皮。这真是一种奇妙的合作：鱼"大夫"用尖嘴为大鱼清除伤口的坏死组织，啄掉鱼鳞、鱼鳍和鱼鳃上的寄生虫，这些脏东西又成了鱼"大夫"的美味佳肴。这种合作对双方都很有好处，生物学上将这种现象称为"共生"。

在大海中，类似彩女鱼那样的鱼"大夫"共有 45 种，它们都有尖而长的嘴巴和鲜艳的色彩。

这些鱼"大夫"的工作效率十分惊人。有人在巴哈马群岛附近发现，那儿的一个鱼"大夫"，在 6 小时里竟接待了 300 多条病鱼。前来"求医"的大多是雄鱼，这是因为雄鱼好斗，受伤的机会较多；同时雄鱼比雌鱼爱清洁，除去脏东西后，它们便容光焕发，容易得到雌鱼的垂青。有趣的是，小小的彩女鱼在与凶猛的大鱼打交道时，不但没受到欺侮，还会得到保护呢。布兰姆对几百条凶猛的鱼进行了观察，在它们的胃里都没有发现彩女鱼。然而，他却多次看到，这些小鱼进入大鲈鱼张开的口中，去啄食里面的寄生虫。一旦敌害来临，大鲈鱼自身难保时，它便先吐出彩女鱼，不让自己的朋友遭殃，然后逃之夭夭，或冲上前去对付敌害。

鲨鱼是很凶猛的海洋生物，被人们称为"海上魔王"。可是，这个魔王的身旁却有个形影不离的小伙伴——一种不大的"垃圾鱼"。我们之所以叫它"垃圾鱼"，主要是它们的生活习惯比较特别。它们一般不会自己独自猎食，而是靠清理鲨鱼等大鱼口中的垃圾为生。在大海中，不带"垃圾鱼"的鲨鱼是很少见的。这种"垃圾鱼"的体长不过 30 厘米，身上有着美丽的条纹，它们和鲨鱼之间建立了奇妙的合作关系：鲨鱼的视力不佳，机灵的"垃圾鱼"在鲨鱼身边游来游去，把鲨鱼引向鱼群集结的海面；鲨鱼吃剩的食物残屑，成了"垃圾鱼"的美味佳肴，有时"垃圾鱼"干脆进入鲨鱼的嘴里，吃牙缝中的碎屑，使鲨鱼感到十分舒服。

凶残的鳄鱼也有合作伙伴。公元前 450 年，古希腊历史学家希罗多德来到埃及。在奥博斯城的鳄鱼神庙，他发现大理石水池中的鳄鱼，在饱食后常张着大嘴，听凭一种灰色的小鸟在那里啄食剔牙。这位历史学家非常惊讶，他在著作中写道："所有的鸟兽都避开凶残的鳄鱼，只有这种小鸟却能同鳄鱼友好相处，鳄鱼从不伤害这种小鸟，因为它需要小鸟的帮助。鳄鱼离水上岸后，张开大嘴，让这种小鸟飞到它的嘴里去吃水蛭等小动物，这使鳄鱼感到很舒服。"这种灰色的小鸟叫"燕千鸟"，又称"鳄鱼鸟"或"牙签鸟"，它在鳄鱼的"血盆大口"中寻觅水蛭、苍蝇和食物残屑；有时候，燕千鸟干脆在鳄鱼栖居地营巢，好像在为鳄鱼站岗放哨，只要一有风吹草动，它们就会一哄而散，使鳄鱼猛醒过来，做好准备。正因为这样，鳄鱼和小鸟结下了深厚的友谊。

在动物界里到互相帮助、强弱相依的例子比比皆是，有人研究之后把这种动物利他的事说成是天性，同时，在人类社会中，这种利他的范例也很多。只有让你的合作者生活得更好，你也才能更好地生活。

双赢的精髓

人们在一起可以做出单独一个人所不能做的事业；智慧、双手、力量结合在一起，几乎是万能的。

——韦伯斯特

假设有人与你进行一场腕力比赛，时间限定在 60 秒内，比赛规则是扳倒对方次数多者便是赢家，每扳倒对方一次可获得 1 角钱。双方各就各位后，一场激战即将展开。

为了说明的方便，请你假设一开始那人便把你扳倒，但是他并不停在那儿，反而立即放松施加的压力，让你把他扳倒，接着他迅速反应，将你再度扳倒，而你基于以往的习惯全力抗拒。

这时候你心中只有一个念头："我要赢！"你的肌肉紧张、全神贯注以至于眉头紧锁，但就在僵持不下的当儿，你和那人脑中突然灵光一闪，发现一个事实：你们现在已各赢了 1 角钱！倘若你让他赢一回，接着他让你赢一回，不断相互扳倒，那么 60 秒结束，双方都赢了超过 1 角钱……于是，你们两个同心协力，不断地进行你扳倒他、他扳倒你的动作，来回反复地互相扳倒对方的手臂。在 60 秒结束的那一刻，你们各赚了 3 块钱，改写了只有一人能获得 1 角钱的局面。

这个故事告诉我们：人与人之间存在着合作的潜力，合作将会取得远大于个人凭一己之力创造的成就，这就是双赢的精髓。

大多数人习惯以输或赢来判断自己的处境，赢便是代表其他所有人都得输，运动场上非赢即输的角逐、学习成绩的分布曲线向我们灌输"永争第一名"的思维方式，于是我们便通过这副非赢即输的眼镜看人生，倘若没能唤醒内在的知觉，只为了争 1 角钱，一辈子拼个你死我活，却从来不曾想到通过合作的手段，能让彼此赚更多钱。

醉心戏剧的某人，不顾亲朋的反对，毅然选择一处并不热闹的地区，兴建了一所超水准的剧场。

奇迹出现了。剧场开幕之后，附近的餐馆一家接一家地开设，百货商店和咖啡厅也纷纷跟进。

没有几年，那个地区竟然发展异常繁荣，剧场的卖座更是鼎盛。

"看看我们的邻居，一小块地，盖栋楼就能出租那么多的钱，而你用这么大的地，却只有一点剧场收入，岂不是大吃亏了吗？"那人的妻子对丈夫抱怨。"我们何不将剧场改建为商业大厦，也做餐饮百货，分租出去，单单租金就比剧场的收入多几倍！"

某人想想确实如此，就草草结束剧场，贷得巨款，改建商业大楼。

不料楼还没有竣工，邻近的餐饮百货店纷纷迁走，房价下跌，往日的繁华又不见了。更可怕的是，当他与邻居相遇时，人们不但不像以前那样对他热情奉承，反而露出敌视的眼光。

某人终于想通了，是他的剧场为附近带来繁荣，也是繁荣改变他的价值观，更由于他的改变，又使当地失去了繁荣。

世间的一切事物都是处在互为因果，相克相生的关系中的，人们总是能在生活中发现一切规律。比如说，人们常因建设自己而造就别人，又因别人的造就而改变自己。在这种改变中，你如果不让别人赢，可能你也会输掉了自己。

由此可见，"赢"的真正意义是实现目标，而不是两个对立的双方争个你死我活，分出曲直高低，所以若用合作代替竞争，便能在有效的时间或较短的时间里达成更多的目标，甚至有意想不到的收获。

■ 善待我们的对手

要像蜂房里的蜜蜂和土窝里的黄蜂那样，聪明人应当团结在一起。

——高尔基

人们的脑中会闪现合作伙伴的阳光般灿烂的笑脸，却从未或者很少有人能想到自己的竞争对手，仿佛"不是你死，就是我亡"才是与对手最终的也是必然的结局。

真的是这样吗？显然，答案是否定的。其实我们和对手也可以走进双赢的境地。

我们需要合作伙伴，但并不意味着必须排斥对手。

对手，是失利者的良师。有竞争，就免不了有输赢。其实，高下无定势，输赢有轮回。曾经败在冠军手下的人，最有希望成为下一场赛事的冠军。只因败者有赢者作师，取人之长，补己之短，为日后取胜奠基。更有一些智者，一番相争之后，便能知己知彼，比得赢就比，比不赢就转，你种苹果夺冠，我种地瓜也可领先。

对手是同剧组的搭档。人生在世能够互成对手，也是一种缘分，仿佛同一个分数中的分子、分母。如此说，结局往往只有赢多赢少之别，并无绝对胜败之分。角色有主有次，登台有先有后，掌声有多有少，但彼此相依，缺了谁戏也演不成。同在一个领导班子中也如此，携手共进，共创佳绩，方可交相辉映。倘若相互拆台，要么被赶出"剧组"，要么大家偃旗息鼓，落个一损俱损。

孟子说："出无敌国外患者，国恒亡。"奥地利作家卡夫卡说："真正的对手会灌输给你大量的勇气。"善待你的对手，方尽显品格的力量和生存的智慧。

1936年，举世瞩目的奥运会在柏林举行。当时正是法西斯势力猖狂的年代，希特勒想借奥运会来证明雅利安人种的优越。

当时田径赛的最佳选手是美国的杰西·欧文斯，在纳粹一再叫嚣把黑人赶出奥运会的声浪下，欧文斯仍鼓足勇气报名参加此次运动会的100米跑、200米跑、4×100米接力和跳远比赛。在这4个项目中，德国只在跳远项目上有一位优秀选手可与欧文斯抗衡，他就是鲁兹·朗。希特勒亲自接见鲁兹·朗，要他一定击败欧文斯——黑种人的欧文斯。

跳远预赛那天，希特勒亲临观战。鲁兹·朗顺利进入决赛。轮到欧文斯上场了，但场外种族歧视的声音使他很紧张。他第一次试跳便踏线犯规；第二次他为了保险起见离起跳板很远的地方便起跳了，结果成绩非常糟糕；还有最后一跳，欧文斯一次次起跑，一次次迟疑，不敢完成最后的一跳。

这时希特勒退场了，他认为这个低劣的黑种人已经没有任何机会。在希特勒退场的同时，鲁兹·朗走近欧文斯。他用结结巴巴的英语对欧文斯说，他去年也曾遇到同样的情形，结果只用了一个小窍门就解决了。鲁兹·朗取下欧文斯的毛巾放在起跳板后数英寸处，说起跳时注意那个毛巾就不会有太大误差了。欧文斯照做，结果几乎破了奥运会的纪录。

几天后决赛，鲁兹·朗率先破了世界纪录，但随后欧文斯以微弱优势战胜了他。贵宾席上的希特勒脸色铁青，看台上本来民族情绪高昂的德国观众也变得情绪低落。这时鲁兹·朗拉住欧文斯的手，一起来到聚集了12万德国人的看台前，他将欧文斯的手高高举起，高声喊道："杰西·欧文斯！杰西·欧文斯！……"看台上先是一阵难挨的沉默，然后是突然爆发的齐声呼喊："杰西·欧文斯！杰西·欧文斯！……"欧文斯举起另一只手来答谢。等观众安静下来以后，欧文斯举起鲁兹·朗的手，竭尽全力喊道："鲁兹·朗！鲁兹·朗！……"全场观众也同时响应："鲁兹·朗！鲁兹·朗！……"没有诡谲的政治，没有种族的歧视，没有狭隘的嫉妒，选手和观众都沉浸在君子之争的感动之中。

杰西·欧文斯创造的世界纪录保持了24年。他在那届奥运会上荣获4枚金牌，被誉为世界上最伟大的运动员之一。多年后杰西·欧文斯在回忆录中真诚地说，他所创的世界纪录终究会被打破，但鲁兹·朗高高举起他的手的那一幕却会永远被历史牢记。

在杰西·欧文斯被载入史册的同时，鲁兹·朗也被载入了史册。所不同的是，杰西·欧文斯的荣誉来自于运动场内，是对他展示人类征服自然的能力的褒奖；而鲁兹·朗的荣誉则来自于运动场外，是对他展示人类心灵之美的褒奖。

由此不难看出，善待对手于他人有益，对自己也有利。

然而，很多人无法这样看待对手。由于对手和敌人往往只有一线之隔，甚至是一体两面，因而对手也很容易被引申成仇人。很多人会带着各种情绪来看待对手，经常会这样想：敌人和仇人当然是不好的，哪有向他们学习的道理？

有时候，表面上看来，我们从对手身上得到的学习机会没有那么直接、明显，然而，仅仅是承受他带给我们的压力，就已是很宝贵的机会，可以对我们的成长起到很大的助益。不要随便把对手视为敌人或仇人，糅入太多情绪化的东西，只有这样，我们才可以冷静地观察对方，客观地审视自己；也唯有这样，才能在与对手交手的过程中学到东西。

不少人在碰到对手的时候，首先是不屑一顾（觉得对手的实力不过如此），接下来是愤怒（发现这不怎么样的人竟然有很多人喜欢，还威胁甚至超越自己），最后则是不允许别人在面前提到对手的只言片语。

越是你的仇人和敌人，你从他们身上可学的东西会越多。对方要消灭你，一定是倾巢而出，精锐毕到。他们使出浑身解数的时候，也就是传授你最多招数的时候，是任何其他老师所不能教你的。所以，为你拥有一个最强大的对手窃喜吧！就像每天要照照镜子一样，你每天都要仔细盯紧这个对手，好好欣赏他，好好向他学习。而最好的学习，永远来自于你和他交手、被他击中的那一刻。

一种动物如果没有对手，就会变得死气沉沉。同样，一个人如果没有对手，那他就会甘于平庸，养成惰性，最终庸碌无为。

有了对手，才会有危机感，才会有竞争力。有了对手，你便不得不奋发图强，不得不革故鼎新，不得不锐意进取，否则，就只有等着被吞并、被替代、被淘汰。

许多人都把对手视为是心腹大患，是异己，是眼中钉、肉中刺，恨不得马上除之而后快。其实只要反过来仔细一想，便会发现拥有一个强劲的对手，反倒是一种福分、一种造化。

善待你的对手吧！有时候，将我们送上领奖台的，不是别人，正是我们的对手。

找到彼此，才能找到合作

如果人想自人生中得到任何快乐就不能只想到自己，而应为他人着想，因为快乐来自于你为别人，别人为你。

——德莱塞

工作只是成功的一半，找到适合与你合作的人，你才算找到了另一半。怎样找到那个适合的人呢？就需要了解他，包容他，就像了解你自己，包容你自己一样。只有了解别人，才谈得上合作，也只有了解了别人，才能够在合作的过程中扬长避短，互相配合。

1983年春天，玛格丽特抵达"东南老人中心"，开始了她的物理治疗的独立生活。当该中心员工米莉·麦格修将玛格丽特介绍给中心人员时，她注意到玛格丽特盯着钢琴看的那一霎间流露出痛苦的表情。

"怎么了？"米莉问。

"没什么，"玛格丽特柔声说，"只是看到了钢琴，勾起我许多回忆。"米莉瞥向玛格丽特残障的右手，默默聆听眼前这名黑人妇女谈起她音乐生涯的辉煌过去。

"你在这里等一下，我马上回来。"米莉突然插口说。一会儿，她回来了，身后紧跟着一位娇小、白发、戴着厚重眼镜，并且使用助步器的女人。

"这位是玛格丽特，"米莉帮她们互相介绍，"这位是露丝·艾因柏格。"她又笑道："她也弹钢琴，但她跟你一样，自从中风后，就没办法弹了。艾因柏格太太有健全的右手，而你有健全的左手，我有种感觉，只要你们互相合作，一定可以弹出好作品。"

"你知道肖邦降D调的华尔兹吗？"露丝问，玛格丽特点点头。

于是两人并肩坐在钢琴长椅上。两只健全的手——一只是黑色，有纤长优雅的手指；另一只手是白色，有短胖的手指——很有节奏感地在黑白键上滑动。从那天起，她们就一起坐在键盘前——玛格丽特残障的右手搂住露丝背部，露丝无用的左手搁在玛格丽特膝上。露丝健全的右手弹主旋律，玛格丽特灵活的左手弹伴奏旋律。

她们的音乐曾在电视上、教堂里、学校中、康复中心、老人之家给许多听众带来快乐。坐在钢琴长椅前，她们共享的东西不只是音乐。除肖邦、巴赫和贝多芬的音乐外，她们发现彼此的共同点比想象的要多得多——两人都是很好的祖母和寡妇，都失去了儿子，都有颗奉献的心，但若失去了对方，她们就什么也办不到。两人同坐在钢琴长椅前，露丝听见玛格丽特说："我被剥夺了音乐，但上帝却给了我露丝。"很显然，这些年来她们并肩而坐，玛格丽特的某些信仰已经影响了露丝，露丝说："是上帝的奇迹将我们结合在一起。"

建立良好的合作关系，还需要了解他人，包容他人。每个人都有自己的优缺点，在与人合作的过程中，你不可能只与他人的优点合作，当与他人的缺点发生冲撞时，你唯一能做的就是包容。

有一天，沙漠与海洋谈判。

"我太干，干得连一条小溪都没有，而你却有那么多水，变成汪洋一片。"沙漠建议："不如我们来个交换吧。"

"好啊，"海洋欣然同意，"我欢迎沙漠来填补海洋，但是我已经有沙滩了，所以只要土，不要沙。"

"我也欢迎海洋来滋润沙滩，"沙漠说："可是盐太咸了，所以只要水，不要盐。"

好心态成就好人生

我们想得到一种东西，必须容忍其他一些东西也跟过来。只有这样才是所谓的"双赢"。

有两个戏剧学院的同学，毕业后一起进入演艺圈，他们都很有才气，在学校的时候就显得与众不同，两人虽然彼此惺惺相惜，却也因好强而暗中较量。

虽然两人同时毕业于戏剧学院，但一位是导演系的，一位是表演系的，因此入行后，一位当导演，一位做演员。

经过一段时间努力，两人在工作岗位上都表现得很出色，也各自拥有了一席之地。有一次，刚好有部电影可以让他俩合作，基于两人是要好的同学，而且心里对彼此的才能和需求都非常了解，所以爽快地答应一起合作。

这个导演对于演员一向要求比较严格，所以在拍戏的过程之中，虽然是自己的同学也毫不客气地加以指责。而已经是名演员的老同学也有自己的见解和个性，所以片场的火药味总是很浓。

有一天，导演因为几个镜头一直拍不好，不禁怒火中烧，对着自己的老同学大发脾气，一句重话马上脱口而出："我从来没见过这么烂的演员！"

名演员一听，脸色苍白地愣住了。他走到休息室，不肯出来继续拍戏。

"一道篱笆三个桩，一个好汉三个帮。"一个人在社会生活中，不可能永远是孤军打天下，总会有与别人携手合作的时候。事实上，我们几乎每天都会碰到许多必须与别人合作才能完成的事情，学会与别人愉快而有效地合作，无疑将会给你的生活学习带来高效率和愉悦的心情。因此，我们也可以说合作关系是人际关系的另一面镜子。

与别人合作关系差的人，其人际关系往往也很差。因此，从合作关系之中，我们可以建立良好的人际关系；从人际关系之中，我们可以巩固彼此的合作关系，这是互动的。

学会与别人合作有很多的技巧，不是说你本着一颗真诚的心就可以万事大吉的。

要与人合作必须了解别人，只有在了解了别人的基础上，才谈得上合作的关系，只有对别人有了充分的了解，才能扬其长避其短，使其有信心与你共事。

其实了解别人也是一种能力，而不仅仅是一种态度，在很多情况下，我们都是感情用事，不够理智，不懂得换位思考，这为我们带来了许多麻烦，所以我们每个人都应该以一颗包容的心，忍受别人不合理的行为和各种不顺心的情况，学习去欣赏并接受不同的生活方式、文化等。

■ 通力合作，争取双赢

合作失败的人常拆伙，因为彼此责难。合作成功的人，也常拆伙，因为各自居功，直到拆伙之后，发现势单力薄，再回头合作，那关系才变得比较稳固。

——刘墉

当温斯顿·丘吉尔爵士临危受命，率领大不列颠投入战争时，他说，我一生都在为这一时刻做准备。从同样意义上讲，培养所有其他习性就是为了使我们具备协同配合的习性。

协同一旦得到正确理解，便可成为所有生活中最高级的活动——它是对所有其他习性的真正的综合检验和体现。

协同的最高形式是把人类特有的天赋、双方皆赢的动机，以及设身处地的交流技能全部集中用于应付我们在生活中面临的最严峻挑战。由此所产生的结果几乎是奇迹般的。我们将开辟出以前不曾存在的新的选择途径。

21 世纪是一个合作的时代，合作已成为人类生存的手段。因为随着科学知识向纵深方向发展，社会分工越来越精细，人不可能再成为百科全书式的人物。每个人都要借助他人的智慧完成自己人生的超越，于是这个世界充满了竞争与挑战，也充满了合作与快乐。

合作不仅使科学王国不再壁垒森严，同时也改写了世界的经济疆界。我们正经历一场转变，这一转变将重组政治和经济，将没有仅属于一国的产品或技术，没有仅属于一国的公司，也没有仅属于一国的工业。至少将来不再有我们通常所知的仅属于一国的经济。留存在国家界限之内的只有组成国家的公民。

合作是重要的，蛇吞象似乎是天方夜谭，但只要你掌握团结合作之法，也不是没有可能。试想一条蛇不能吞象，那 10 条，100 条，甚至是 1000 条蛇又该如何呢？

恒昌企业的实体为大昌贸易行，1946 年由恒生银行元老何善衡、梁球瑶、何添、林烦炎等人创立。经过数十年发展，大昌已成为香港的大型综合性贸易公司，恒昌为大昌的控股公司，恒昌、大昌均未上市，规模及效益却绝不比蓝筹股公司逊色。

在香港商界，中资、华资、英资素有门户之见，恒昌企业是香港商界老前辈何善衡一个人的香港老牌华资商行。中信泰富作为中资机构直接收购华资商行，可能会引起恒昌企业董事局及其他华资机构的心理不适，为此，中信泰富就与李嘉诚、郭鹤年等华资巨子联手收购恒昌企业。另外全面收购恒昌企业耗资高达 69 亿港元，中信泰富要在短期内一次筹措，也有很大难度，所以采取分阶段收购策略。

1991 年 9 月，中信泰富与李嘉诚、郭鹤年等合组财团收购恒昌，其中中信泰富占恒昌企业 36% 的权益。1992 年 1 月，中信泰富向其余股东收购剩余的 64% 的恒昌企业股份，实现全面收购。

中信泰富第一步投资 25 亿港元收购恒昌企业 36% 股份，约占恒昌企业盈利部分的 2.57 亿港元，扣除利息支出 4500 万港元后，中信泰富的盈利增加 2.12 亿港元，当年每股盈利增加了 37%。第二步斥资 31 亿港元收购恒昌企业，其余的 64% 股份，连同首次收购的投资，中信泰富收购恒昌企业共出资 56 亿港元，但从恒昌那里收回股息 11.7 亿港元，两项相减成本净额为 44.3 亿港币。其实，恒昌企业资产净值估计逾 52 亿港元。中信泰富以 44.3 亿港元的价款收购资产净值约 52 亿港元的恒昌企业，其价格折让高达 15.4%。

中信泰富通过发行新股募集收购价款，由于新股发行价高于每股净资产，故此该项收购使中信泰富每股净值增加 38%，未收购恒昌企业之前，每股净值为 1.32 元，收购部分恒昌股份后，增至每股 1.53 元，而全部收购恒昌后，中信泰富每股净值升至 1.83 元。

这次收购被誉为香港资本市场收购的经典案例，同时也让荣智健、中信（香港集团）和中信泰富在香港商界声名鹊起。

做事中个体与群体的关系，也是一种饶有趣味的话题。如同爱和友情一样，人与人的合作也是一种你必须付出才能得到东西。在我们走向成功的征途上，会有许多的同伴，你需要他们的合作，他们也需要你的帮助。

关于这一点，你可以看一看天空中飞翔的雁阵。

秋天，当雁阵排成人字阵或一字斜阵飞过蓝天白云，掠过你的头顶时，不知你是否想到这样一个问题：大雁为什么要整齐地列阵远翔呢？

原来大雁既具有惊人的个体飞翔能力，又富有令人叹服的团队精神，因而，他们的两翼似乎有了灵性，使他们能够以轻松自如的风姿成为长空的主人。

由此，想到我们人类的团队精神。

你可能已经注意到，大凡胸怀大志并取得成功的人大多善于从自己的同伴那里汲取智慧和力量，从同行者那里获得无穷的前进动力。我们姑且不说马克思与恩格斯、居里夫妇以及贝尔兄弟式的合作，这里，我们是指更广泛意义上的智能互补和人才合作。

由于当代科学技术和社会的发展，对于一个立志开拓，希望获得成功的人来说，已经不仅仅需要个体的精进，而且还需要知识的高度集结作为成功的基石。因此，你越是善于从群体中求知，越是不断地开拓新的求知领域，你就越有益于人与人之间的优势互补，你的智能结构越是完美，越是富有应变能力，进而越是能够应付变化繁复的社会发展和科学技术的发展。

你要想成为 21 世纪的高效能人才、未来的成功者，就一定要有与人合作的好习惯，这是时代的要求，更应为每一个欲成大事者的共识。

改掉忧虑的习惯

"人生不如意事，十常八九"，忧虑在所难免。但人们切不可沉溺于忧虑的泥潭中不能自拔，而应尽快调整心态和情绪，采取积极的行动来改变生活。

老约翰·洛克菲勒在他33岁那年赚到了他的第一个100万。到了43岁，他建立了一个世界最庞大的垄断企业——美国标准石油公司。

那么，53岁时他又成就了什么呢？

不幸的是，53岁时，他却成了忧虑的俘虏。充满忧虑及压力的生活早已摧毁了他的健康，他的传记作者温格勒说，他在53岁时，看起来就像个僵硬的木乃伊。

洛克菲勒53岁时因为莫名的消化系统疾病，头发不断脱落，甚至连睫毛也无法幸免，最后只剩几根稀疏的眉毛。

温格勒说："他的情况极为恶劣，有一阵子他只得依赖酸奶为生。"医生们诊断他患了一种神经性脱毛病，后来，他不得不戴一顶扁帽。不久以后，他定做了一顶500美金的假发，从此，一生都没有脱下来过。

洛克菲勒原来体魄强健，他是在农庄长大的，有宽阔的肩膀，迈着有力的步伐。

可是，在多数人的巅峰岁月——53岁时，他却肩膀下垂、步履蹒跚。

另一位传记作者说："当照镜子时，他看到的是一位老人。无休止地工作、操劳、体力透支、整晚失眠、运动和休息的缺乏，终于让他付出惨重的代价。"

他是世界上最富有的人，却只能靠简单饮食为生。他每周收入高达几万美金——可是他一个星期能吃得下的食物却要不了两块钱。医生只允许他喝酸奶，吃几片苏打饼干。他的皮肤毫无血色，那只是包在骨头上的一层皮。

他只能用钱买最好的医疗，使他不至于 53 岁就去世。

后来，医生告诉他一个惊人的事实，他或者选择财富与忧虑，或者他的生命。他们警告他：再不退休，"就死路一条"。

他终于退休了，可惜退休前，忧虑、贪婪与恐惧已经摧毁了他的身体。当全美著名的女作家艾达·塔贝尔见到他时，大吃一惊，她写道："他的脸上饱经忧患，他是我见过的最老的人。"

老？怎么会呢？

洛克菲勒比麦克阿瑟反攻菲律宾时，还要年轻几岁呢！可是他的身体状况极差，以致艾达·塔贝尔感到他太可怜了。当时，她正着手写一篇讨伐标准石油公司的文章，她没有任何理由同情这位一手建立起这个超级"八爪鱼"的首脑，然而，当她看见洛克菲勒在教堂主日，急切地渴求他人同情的目光时——她说："我心中涌起一种从未有过的感觉，而且那个感觉十分强烈，那就是我为他难过，我了解孤独恐惧的滋味。"

医生竭尽全力挽救洛克菲勒的生命，他们要他遵守三项原则——这三项原则，终其一生，他都牢牢记住。这三项原则是：

(1) 避免忧虑，绝不要在任何情况下为任何事烦恼。

(2) 放轻松，多在户外从事轻缓的运动。

(3) 注意饮食，每顿只吃七分饱。

洛克菲勒严格遵守这些原则，因此他捡回一条命。

他退休了，开始学习打高尔夫球，从事园艺，与邻居聊天、玩牌，甚至唱歌。

他开始想到别人。

他终于不再只想着如何赚钱，而开始思考如何用钱去为人类造福。总而言之，洛克菲勒开始把他的亿万财富散播出去。后来他更前进一步，他成立了世界性的洛克菲勒基金会——旨在消灭世界的疾病与无知。后来他活到 98 岁。

■ 忧虑不只是心病

忧虑像一把摇椅，它可以使你有事做，但却不能使你前进一步。

——席勒

再没有什么会比忧虑使一个女人老得更快，更能摧毁了她的容貌。忧虑会使我们的表情难看，会使我们咬紧牙关，会使我们的脸上产生皱纹，会使我们老是愁眉苦脸，会使我们头发灰白，有时甚至会使头发脱落。忧虑会使你脸上的皮肤生出斑点、粉刺甚至溃烂。

古时候，残忍的将军要折磨他们的俘虏时，常常把俘虏的手脚绑起来，放在一个不停往下滴水的袋子下面，水滴着……滴着……夜以继日，最后，这些不停滴落在头上的水，变得好像是用槌子敲击的声音，使那些人精神失常。这种折磨人的方法，以前西班牙宗教法庭和希特勒手下的德国集中营都曾经使用过。

忧虑就像不停往下滴、滴、滴的水，而那不停地往下滴、滴、滴的忧虑，通常会使人心神丧失而自杀。

忧虑甚至会使你产生蛀牙。威廉·麦克戈尼格博士在全美牙医协会的一次演讲中说："由于焦虑、恐惧等产生的不快情绪，可能影响到一个人身体的钙质平衡，而使牙齿容易受蛀。"麦克戈尼格博士提到，他的一个病人起先有一口很好的牙齿，后来他太太得了急病，使他开始担心起来。就在她住院的三个礼拜里，他突然有了九颗蛀牙——都是由于焦虑引起的。

忧虑会使人得心脏病，心脏病是美国的第一号凶手。在第二次世界大战期间，大约有三十几万人死在战场上，可是在同一段时间里，心脏病却杀死了 200 万平民——其中有 100 万人的心脏病是由于忧虑和过度紧张的生活引起的。不错，就因为心脏病，亚历西斯·戈锐尔博士才会说："不知道怎样抗拒忧虑的商人都会短命而死。"

中国人和美国南方的黑人却很少患这种由忧虑引起的心脏病，因为他们处事沉着。死于心脏病的医生比农夫多 20 倍。因为医生过的是紧张的生活，所以才有这样的结果。

"上帝可能原谅我们所犯的罪，"威廉·詹姆斯说，"可是我们的神经系统却不会。"

这是一件令人吃惊而难以相信的事实：每年死于自杀的人，比死于种种常见的传染病的人还要多。

为什么呢？答案通常都是"因为忧虑"。

忧虑甚至会使最强壮的人生病。在美国南北战争的最后几天中，格兰特将军发现了这一点。故事是这样的：

格兰特围攻里奇蒙德有 9 个月之久，李将军手下衣衫不整、饥饿不堪的

75

部队被打败了。有一次，好几个兵团的人都开了小差。其余的人在他们的帐篷里开会祈祷——叫着、哭着，看到了种种幻象。眼看战争就要结束了，李将军手下的人放火烧了里奇蒙德的棉花和烟草仓库，也烧了兵工厂，然后在烈焰升腾的黑夜里弃城而逃。格兰特乘胜追击，从左右两侧和后方夹击南部联军，而由骑兵从正面截击，拆毁铁路线，俘虏了运送补给的车辆。

由于剧烈头痛而眼睛半瞎的格兰特无法跟上队伍，就停在了一个农家。"我在那里过了一夜"，他回忆录里写着，"把我的两脚泡在加了芥末的冷水里，还把芥末药膏贴在我的两个手腕和后颈上，希望第二天早上能复原。"

第二天清早，他果然复原了。可是使他复原的，不是芥末药膏，而是一个带回李将军降书的骑兵。

"当那个骑兵到我面前时，"格兰特写着，"我的头还痛得很厉害。可是我一看到那封信的内容，我就好了。"

显然，格兰特是因为忧虑、紧张和情绪上的不安才生病的。一旦他在情绪上恢复了自信，想到他的成就和胜利，就马上好了。

约瑟夫·蒙塔格博士曾写过一本《神经性胃病》的书，他也说过同样的话："胃溃疡的产生，不是因为你吃了什么而导致的，而是因为你忧愁些什么。"

梅奥诊所的阿尔凡莱兹博士说："胃溃疡通常根据你的情况紧张的高低而发作或消失。"

他的这种说法在对梅奥诊所的1.5万名胃病患者进行研究后得到了证实。每5个人中，有4个并不是因为生理原因而得胃病。恐惧、忧虑、憎恨、极端自私，以及无法适应现实生活，才是他们得胃病和胃溃疡的原因……胃溃疡可以让你丧命。

忧虑，是人在面临不利环境和条件时所产生的一种情绪抑制。它是一种沉重的精神压力，使人精神沮丧，身心疲惫。我们看那些忧心忡忡的人，整日愁眉苦脸，唉声叹气，一副暮气沉沉的样子。他们对什么都提不起兴趣，生活成了一种苦刑。恰如高尔基说的，忧愁像磨盘似的，把生活中所有美好的、光明的一切和生活的幻想所赋予的一切，都碾成枯燥、单调而又刺鼻的粉。

那么应该怎么办呢？答案是：我们一定要学会以下三种分析问题的基本步骤，来解决各种不同的困难。这三种步骤是：

（1）看清事实。

（2）分析事实。

（3）达成决定——然后依决定行事。

这是亚里士多德教的，他也使用过。我们如果想解决那些逼迫我们、使我们日夜像生活在地狱一般的问题，我们就必须要用到这个。

弄清事实是很重要的。只有弄清事实我们才能明智地解决问题，不至于在混乱中摸索。

正如安德烈·马罗斯所说："一切和我们个人欲望相符合的，看来都是真理，其他的，就会使我们感到愤怒。"

难怪我们会觉得，要得到问题的答案是如此困难，如果我们一直假定 2 加 2 等于 5，那不是连做一个二年级的算术题目都会有问题吗？可事实上，世界上就有很多很多的硬是坚持说 2 加 2 等于 5——或者是等于 500——弄得自己跟别人的日子都很不好过的人。这就需要我们以一种"超然、客观"的态度去弄清事实。

要在我们忧虑的时候按亚里士多德的方法做不是一件简单的事，因为，当我们忧虑的时候，往往情绪激动。不过，以下两个方法，一定会对我们有所帮助：

（1）在搜集各种事实的时候，假设不是在为自己搜集这些资料，而是在为别人，这样可以保持冷静而超然的态度，也可以帮助自己控制情绪。

（2）在试着搜集造成忧虑的各种事实时，有时候可以假设自己是对方的律师，换句话说，也要搜集对自己不利的事实——那些有损于自己的希望和自己不愿意面对的事实。

然后把两方面的所有事实都写下来——你就会发现，真理就在这两个极端之间。

生活中我们会遇到许多次退潮，忧虑会成为生命中一时难以承受之重。要祛除这沉重，达观安然是一剂良方，行动是另一剂良方，这就是消除忧虑的秘密武器，让我们共同拥有它吧。

■ 摆脱忧虑的困扰

谁若怨天尤人，谁就是愚蠢，就是违反了掌握万物的上帝。

——乔叟

忧虑是禁锢人心灵的枷锁，困扰人们不能在现实的世界中调适自我，只能渐渐退缩到自己的小天地里，来逃避忧虑。

世界卫生组织在一份报告中说，全世界居民中有 20% 的人存在心理卫生问题和精神障碍。联合国国际劳工组织在发表的一份调查报告中认为："心理压抑现在已经成为 21 世纪最严重的健康问题之一。"

现代人终日忙忙碌碌，正遭受到一种慢性的、低度沮丧情绪的困扰，有些人根本不知道快乐是什么滋味。

诺贝尔医学奖得主卡瑞尔博士曾经说过："处理忧虑的企业主管，往往英年早逝。"事实上这句话对任何人都适用。

著名的海宾医师在美国医师协会年会上宣读的一份报告中指出，他研究的 176 位平均年龄 44.3 岁的企业主管，约有 1/3 的主管受到紧张所引起的三种病痛的困扰——心脏病、消化性溃疡以及高血压。想想看，1/3 的企业主管在活到 45 岁前就受到这些毛病的折磨。成功的代价何其高昂！可悲的是还换不到真正的成功，能想象一位以胃溃疡或心脏病换取成就的人是真正的成功者吗？一个人失去健康，即使赢得全世界又有什么用？即使他拥有全世界，他一个人也只能睡一张床，一天也不过吃三餐。

一位世界知名的烟商在加拿大森林中只不过从事一点休闲活动，即因心脏衰竭而亡。他家财万贯却活不过 61 岁。大概所谓的事业成功是以他的寿命换来的。

海宾医师宣称，半数以上的病床上躺着的都是情绪忧虑的病人。如果用高倍数显微镜研究这些病患者的神经，多半跟普通人一样健康。显然他们的问题不是病理上的，而是挫折、焦虑、烦恼、恐惧、绝望等情绪所引起的。柏拉图说："医师所犯的最大错误，就是他们只管头痛医头，脚痛医脚，从不打算医治病人的心理，其实人是身心合一的，怎么能分开呢？"

忧虑像一个恶魔，它到处作乱，使人们不能在现实的世界中调适自我，只能像躲避瘟神一样躲避它。

人们曾费尽心思地寻找克服忧虑的灵丹妙药，为了生活永远充满阳光，为了能拥有一个健康的心理，一些人甚至耗尽了毕生心力，并为解决这个难题做过许多的实验。

下面是温兹洛夫在一项实验中给实验者看的文章，目的是让他们的心情变得难过。想像你在一条陌生陡峭弯曲的路上开车，而且雾很浓。前面不远处突然跑出一辆车，近得你根本来不及刹车。你用力踩刹车，车子立刻滑向一边。这时你看到对方的车子里坐满了正要上幼儿园的小孩子……一瞬间只见玻璃碎了，车子撞得乱七八糟。接着是一阵可怕的静默，然后你开始听到哭声。你挣扎着跑过去，看到其中一个孩子动也不动地躺着。你心中涌起强烈的懊悔与悲伤……

接着他请实验者花几分钟写下所有想法，同时尽量避免上述画面侵入脑海。每当上述画面入侵，实验者便在笔记上做一记号。结果多数人所做的记号都随着时间的延长而递减，但原本心情沮丧的人则有显著增加的现象，甚至在尝试转移注意力时也不禁会回想到车祸的画面。

不仅如此，较沮丧的人还有将注意力转移到其他沮丧的思绪。温兹洛夫指出："不只是内容同类的思想容易联结，同类情绪的思想也是。平常我们就有一组沮丧的思想集结在那里，心情低沉时便倾巢而出。容易沮丧的人这种集结愈是坚韧，一环出现便很难压抑后续的一长串。偏偏这种人倾向于以另一个沮丧的话题来取代原来的，结果反而心情更加低潮。"

有人说，哭泣可以使脑部引发悲伤的化学作用变缓和，哭泣有时的确可让人停止悲伤，但也可能是你继续执着于悲伤的理由。一般人常劝人"好好哭一场"，其实这个观念不见得正确，在哭泣中化解的忧思，结果只是更增悲切。倒是转移注意力确实可使忧思中断，专家认为以电击医治极严重的抑郁症，便是利用短期记忆丧失的原理；病人记不得为何悲伤，病情自然好转。至于一般性悲伤，经研究发现，常见的摆脱方法有阅读、看电视电影、玩电动玩具、拼图、睡觉、做白日梦等。温兹洛夫指出，最有效的是从事可振奋情绪的活动，观看让人振奋的运动比赛、看喜剧电影、阅读让人精神振奋的书。不过值得注意的是：有些活动本身就会让人沮丧，研究发现，长时间看电视通常会陷入低潮。

科学家发现，有氧舞蹈是摆脱轻微抑郁或其他负面情绪的最佳方式之一。不过这也要看对象，效果最大的是平常不太运动的人。至于每天运动的人，效果最大的时期大概是他们刚开始养成运动习惯的时期。事实上，这种人的心态变化与一般人恰恰相反，不运动时反而心情容易低潮。运动之所以能改变心情，是因为运动能改变与心情息息相关的生理状态。举例来说，沮丧时生理处于低活动状态，有氧舞蹈则可提升身体的活动量。同样的道理，焦虑是高活动状态，放松身体反而较有帮助。其作用原理都是打破沮丧或忧虑的循环，使身心处于与原来情绪极不协调的状态。

其实抗忧虑的"药方"很多也很常见，关键看你怎样去发现它们了，比如生活中的一些微小的事情；泡个热水澡，吃顿美食，听音乐等善待自己或享受一番也不失一剂妙方，除此之外送礼物给自己尤其是女性常常利用的方式，大采购或只是逛逛街也很普遍。经研究发现，女性利用吃东西治疗悲伤的比率是男性的3倍，男性诉诸饮酒的比率则是女性的5倍。暴饮暴食或酗酒当然都有很大的缺点，前者会让人懊悔不已，后者有抑制中枢神经的作用，只会使人更沮丧。

专家指出，比较有建设性的做法是改变看事情的角度，不过一般人除非接受心理治疗，很少应用这个方法。譬如说结束一段感情总是很伤感的，很容易让人陷入自怜的情绪（深信自己从此将孤独无依），以致愈来愈绝望。但你也可以退一步想想这段感情其实也不是很美好，你们的个性其实并不适合。总而言之，换个角度看看自己所失去的是治疗悲伤的良方。同样的道理，一个癌症病人不管病情多严重，只要能想到另一个更严重的病人，心情便会提升一些。老是与健康的人作比较的通常最为沮丧。这种比上不足比下有余的心态的确有出奇的效果，似乎突然间一切不再显得那么灰暗。

另一个提升心情的良方是助人，忧虑的人低沉不振的主因是不断想到自己及不快的事，设身处地同情别人的痛苦自可达到转移注意力的目的。经研究发现，担任义工是很好的方法。然而，这也是最少被采用的方法。

最后一种方式是从超凡的力量中寻求慰藉，有宗教信仰的人可借助祈祷改变任何情绪，尤其是忧虑。

■ "吃掉"忧虑，"晒掉"烦恼

只要是人，谁也无法了无烦忧、平静无事地过完一生。

——埃斯库罗斯

很多人可能有过经历，那就是在心情非常不好甚至恶劣的地步，会想要狂吃东西，以求胃部的满足。这样的做法如果能结合科学饮食，对于驱除忧虑来说，倒是非常可取的。

当你焦躁不安和沮丧无力时，甜的食品或酒，可快速提升脑中的血清张力，使神经系统暂时得到舒缓，可是，之后的状况会更糟糕。而多糖食品则能够比较好地改善这种状况，多糖类食品包括全谷米、大麦、小麦、燕麦、瓜类和含高纤维多糖蔬菜与水果等等。许多跟情绪安定有直接关系的蛋白质氨基酸是制造情绪荷尔蒙的原料，如香蕉、奶制品、火鸡肉等等，是含色氨酸食品。心情忧虑时，你可以尝试着播放几首平时喜爱的音乐，享受一下美味，充分摄取营养，"吃掉"忧虑。

除了"吃掉"忧虑，还可以"晒掉"烦恼。许多人一到冬天或遇上下雨天，或多或少都会感觉心情沮丧，这种现象在经常不见阳光的瑞典更是严重。在这里，由于昼短夜长，日照时间一天只有 5 个小时，北部有些地方，甚至还完全看不到太阳，造成全国 1/5 的人口都罹患某种程度的季节性情绪失调，也就是因为漫漫长冬，而引发的冬天忧虑症。为了帮助民众克服这种在冬天才出现的忧虑症，当地医院特别提供灯光照射治疗，结果相当有效。

如果你的心情不好，也可以到户外晒晒太阳。让阳光的温暖笼罩你，忧愁的阴霾就会慢慢散开，让阳光融化你的不快乐，晒掉你的忧虑！

素珊第一次去见她的心理医生，一开口就说："医生，我想你是帮不了我的，我实在是个很糟糕的人，老是把工作搞得一塌糊涂，肯定会给辞掉。就在昨天，老板跟我说我要调职了，要是我的工作表现真的好，干吗要把我调职呢？"

可是，慢慢地，在那些泄气话背后，素珊说出了她的真实景况。原来她在两年前拿了个 MBA 学位，有一份薪水优厚的工作。这哪能算是一事无成呢？

针对素珊的情况，心理医生要她以后把想到的话记下来，尤其在晚上失眠时想到的话。在他们第二次见面时，素珊列下了这样的话："我其实并不怎么出色。我之所以能够冒出头来全是侥幸。""明天定会大祸临头，我从没主持过会议。""今天早上老板满脸怒容，我做错了什么呢？"

她承认说："单在一天里，我列下了 26 个消极思想，难怪我经常觉得疲倦，意志消沉。"

素珊听到自己把忧虑和烦恼的事念出来，才发觉到自己为了一些假想的灾祸浪费了太多的精力。

现实生活中，有很多自寻烦恼和忧虑的人，对他们来说，忧烦似乎成了一种习惯。有的人对名利过于苛求，得不到便烦躁不安；有的人性情多疑，老是无端地觉得别人在背后说他的坏话；有的人嫉妒心重，看到别人超过自己，心里就难过;有的人把别人的问题揽到自己身上自怨自艾,这无异于引火烧身。

忧虑情绪的真正病源,应当从忧烦者的内心去寻找。大凡终日忧烦的人,实际上并不是遭到了多大的不幸,而是在自己的内心素质和对生活的认识上,存在着片面性。聪明的人即使处在忧烦的环境中,也往往能够自己寻找快乐。因此。当受到忧烦情绪袭扰的时候,就应当自问为什么会忧烦,从主观方面寻找原因,学会从心理上去适应你周围的环境。所以,要在忧虑毁了你以前,先改掉忧虑的习惯。

用概率法则消除忧虑

凯瑟女士的脾气很坏,很急躁,总是生活在非常紧张的情绪之中:每个礼拜,她要从在圣马特奥的家乘公共汽车到旧金山去买东西。可是在买东西的时候,她也愁得要命——也许自己的丈夫又把电熨斗放在熨衣板上了;也许房子烧起来了;也许她的女佣人跑了,丢下了孩子们;也许孩子们骑着他们的自行车出去,被汽车撞了。她买东西的时候,常会因发愁而冷汗直冒,然后冲出店去,搭上公共汽车回家,看看是不是一切都很好。她的丈夫也因受不了她的坏脾气而与她离了婚,但她仍然每天感到很紧张。

凯瑟的第二任丈夫杰克是个律师——一个很平静、事事能够加以分析的人,从来没有为任何事情忧虑过。

杰克充分利用概率法则来引导凯瑟消除紧张。每次凯瑟神情紧张或焦虑的时候,他就会对她说:"不要慌,让我们好好地想一想……你真正担心的到底是什么呢?让我们看一看事情发生的概率,看看这种事情是不是有可能会发生。"

有一次,他们去一个农场度假,途中经过一条土路,碰到了一场很可怕的暴风雨。汽车一直往下滑,没办法控制,凯瑟紧张地想他们一定会滑到路边的沟里去,可是杰克一直不停地对凯瑟说:"我现在开得很慢,不会出什么事的。即使汽车滑进了沟里,根据平均率,我们也不会受伤。"他的镇定使凯瑟平静下来。

有一年夏天,他们到加拿大的洛基山区的图坎山谷去露营。有天晚上,他们的营帐扎在海拔七千英尺高的地方,突然遇到暴风雨,好像要把他们的帐篷撕成碎片。帐篷是用绳子绑在一个木制的平台上的，帐篷在风里抖着，摇着，发出尖厉的声音。凯瑟每一分钟都在想：我们的帐篷会被吹垮了，吹到天上去。凯瑟当时真吓坏了，可是杰克不停地说着："我说，亲爱的，我们有好几个印第安向导，这些人对一切都知道得很清楚。他们在这些山地里扎营都60年了，这个营帐在这里也很多年了，到现在还没有被吹掉。根据事情发生的概率看来，今天晚上也不会被吹掉。即使被吹掉，我们也可以躲到另外一个营帐里去，所以不要紧张。"凯瑟放松了心情，而且后半夜睡得非常熟。

美国海军也常用概率统计的数字来鼓舞士气。一个以前当海军的人告诉别人，当他和他船上的伙伴被派到一艘油轮上的时候，都吓坏了。这艘油轮运的都是高辛烷汽油，因此他们都相信，要是这艘油轮被鱼雷击中，就会爆炸，并把每个人都送上西天。

美国海军总部发布了一些十分精确的统计数字，指出被鱼雷击中的100艘油轮里，有60艘并没有沉到海里去，而真正沉下去的40艘里，只有5艘是在不到5分钟的时间沉没。那就是说，有足够的时间让你跳下船——即死在船上的概率非常之小。住在明尼苏达州圣保罗市的克莱德·马斯——也就是讲这个故事的人说："知道了这些概率数字之后，我的忧虑一扫而光。船上的人都觉得好多了，我们知道我们有的是机会，根据概率数字来看，我们可能不会死在这里。"

"根据概率，这种事情不会发生。"这句话通常能摧毁你90%的忧虑，使你在未来的生活中过得不错。

■ 让忙碌消除你的忧虑

辛勤的蜜蜂永远没有时间悲哀。

——布莱克

现实生活中，有些人似乎染上了一种忧虑的不良习惯，他们不管遇到什么事情，总是首先启动自己那根忧虑神经，为事情的过程担忧，也为结果而忧。如果我们留心一下就可以发现，那些在图书馆、实验室从事研究工作的人，很少因忧虑而精神崩溃，因为他们根本没有时间去享受这种"奢侈"。所以，如果你因为某事感到忧虑，或者你已经严重到养成了一种忧虑的习惯，那就采取一个法宝——让自己不停地忙碌，这恐怕比任何心理医生的治疗更加有效。

有一对夫妇在短短的两年里，接连失去了两个孩子，当他还为不能忍受失去第一个孩子的苦痛时，他们在几个月后的第二个孩子又夭折了。

这些接二连三的打击，对任何人来讲都无法承受。"我实在承受不了，"这个做父亲的说，"我睡不着觉，吃不下饭，也无法休息或放松。我的精神受到致命的打击，信心尽失。"最后他去看了看医生。一个医生建议他吃安眠药，另外一个则建议他去旅行。他两个方法都试过了，可是没有一样能够对他有所帮助。他说："我的身体好像被夹在一把大钳子里，而这把钳子愈夹愈紧，愈夹愈紧。"那种悲哀给他的压力——如果你曾经因悲哀而感觉麻木的话，你就知道他所说的是什么了。

"不过，感谢上帝，我还有一个孩子——一个4岁的儿子，他教我们得到解决问题的方法。有一天下午，我呆坐在那里为自己感到难过的时候，他问我：'爸爸，你肯不肯为我造一条船？'我实在没有兴致去造条船。事实上，我根本没有兴致做任何事情。可是我的孩子是个很会缠人的小家伙，我不得不顺从他的意思。

"造那条玩具船大概花了我3个钟头，等到船弄好之后，我发现用来造船的那3个小时，是我这么多个月来第一次有机会放松我的心情的时间。这个大发现使我从昏睡中惊醒过来。他使我想了很多——这是我几个月来的第一次思想。我发现，如果你忙着去做一些需要计划和思想的事情的话，就很难再去忧虑了。对我来说，造那条船就把我的忧虑整个击垮了，所以我决定让自己不断地忙碌。

"第二天晚上，我巡视了屋子里的每个房间，把所有该做的事情列成一张单子。有好些小东西需要修理，比方说书架、楼梯、窗帘、门钮、门锁、漏水的龙头等等。叫人想不到的是，在两个礼拜以内，我列出了242件需要做的事情。

"在过去的两年里，那些事情大部分已经完成。此外，我也使我的生活充满了启发性的活动：每个礼拜，我有两天晚上到纽约市参加成人教育班，并参加了一些小镇上的活动。我现在是校董事会的主席，参加很多会议，并协助红十字会和其他的机构募捐。我现在简直忙得没有时间去忧虑。"

没有时间忧虑，这正是丘吉尔在战事紧张到每天要工作18个小时的时候所说的。当别人问他是不是为那么重的责任而忧虑时，他说："我太忙了，我没有时间去忧虑。"

为什么"让自己忙着"这么一个简单的方法，就能够把忧虑赶出去呢？因为有这么一个定理——这是心理学上所发现的最基本的一条定理——不论这个人多么聪明，人类的思想，都不可能在同一时间想一件以上的事情。让我们来做一个实验：假定你现在靠坐在椅子上，闭起两眼，试着在同一个时间去想：自由女神；你明天早上打算做什么事情。

你会发现你只能轮流地想其中的一件事，而不能同时想两件事，对不对？从你的情愿上来说，也是这样。我们不可能既激动、热诚地想去做一些很令人兴奋的事情，又同时因为忧虑而拖累下来。在同一时间里，一种感觉会把另一种感觉赶出去，也就是这么简单的发现，使得军方的心理治疗专家们，能够在战时创造这一类的奇迹。

当有些人因为在战场上受到打击而退下来的时候，他们都被称为"心理上的精神衰弱症"。军方的医生，都以"让他们忙着"为治疗的方法。除了睡觉的时间之外，每一分钟都让这些在精神上受到打击的人排满了活动，如钓鱼、打猎、打球、拍照片、种花，以及跳舞等等，根本不让他们在时间去回想他们那些可怕的经历。

随便哪位心理治疗医生都能告诉我：工作——让你忙着是忧虑病最好的治疗剂。

对大部分人来说，在做日常的工作忙得团团转的时候，"沉浸在工作里"大概不会有多大问题。可是在下班以后——就在我们能自由自在享受我们的悠闲和快乐的时候——忧虑的魔鬼就会来攻击我们。这时候我们常常会想，我们的生活里有什么样的成就，我们有没有上轨道，老板今天说的那句话是不是"有什么特别的意思"，或者我们的头是不是秃了。

我们不忙的时候，脑筋常常会变成真空。每一个学物理的学生都知道"自然中没有真空的状态"。打破一个白炽灯泡空气就会进去，充满从理论上说来是真空的那一块空间。

你脑筋空出来，也会有东西进去补充，是什么呢？通常都是你的感觉。为什么？因为忧虑、恐惧、憎恨、嫉妒和羡慕等等情绪，都是由我们的思想所控制的，这种种情绪都非常猛烈，会把我们思想中所有的平静的、快乐的思想和情绪都赶出去。

萧伯纳说得很对，他把这些总结起来说："让人愁苦的秘密就是，有空闲来想想自己到底快不快乐。"所以不必去想它，在手掌心里吐口唾沫，让自己忙起来，你的血液就会开始循环，你的思想就会开始变得敏锐——让自己一直忙着，这是世界上最便宜的一种药，也是最好的一种。

因此，如果你想改掉你忧虑的习惯，需要的原则是：让自己一直不停地忙着。

宽恕他人就是宽恕自己

让我们尽量去了解别人，而不要用责骂的方式吧！让我们尽量设身处地去想他们为什么要这样做。这比起批评责怪还要有益、有趣得多，而且让人心生同情、忍耐和仁慈。

有一天，有个小偷钻进了霍先生的卧室，就躲在大衣橱里。霍先生也发觉了，只是不惊动他。

他把儿孙们都叫来，很严肃地教训他们说："一个人不可能不识羞耻，人人都懂得自食其力的道理，不断地求上进。那么坏人的本质未必是坏的，只是沾染了一点坏习惯，才到不知羞耻的地步，才会做出偷盗的行为。那位在衣橱里的，本来就是一位好人嘛！"

那个躲在衣橱里的小偷一听，大吃一惊，慌忙羞惭地走出来，向霍先生认错。

霍先生也不责备他，而是很和蔼地开导他说："看你的样子，就知道你的本质不坏，你应该痛改前非，重新做个好人。你之所以要偷，大概是因为没钱吧！"

那小偷很惭愧地点点头，小声地说："是呀，从乡下进城，原想找个工厂打工的，可是找了很长时间，还是找不到。实在是没有钱，只好钻进来，偷点什么换几块钱，填饱肚子再说。"

霍先生说："我这里有十来块钱，你先拿去买盒饭吃了，再去找工作吧！你年纪轻轻的，有手有脚的，应当自食其力才是。"

对待道德不端之人，抱严厉的态度并不难，难就难在内心不憎恶他们，以一颗宽容之心，饶恕他们的错误，帮助他们改正自己的过失。

宽容是我们做人的基准，学会宽容，学会从别人的狭隘中开辟出宽容的渠道，这比做什么事情都愉快、幸福。

宽容是支撑美德果实的绿叶，只有像绿叶一样相互容纳的胸襟，才能装点出妩媚多姿的世界。

■ 天性让我们宽恕

当我们受到很深的伤害，直至我们宽恕了他人，我们才可能从伤害中恢复过来。

——艾伦·佩顿

一座巍峨的高山耸于苍天洱海间，它的花岗岩的峰顶耸入云端。再也没有什么能够比这样一座巨型岩石堡垒更不可战胜了。然而，年深日久，这座高山就在自然力量的消磨下变为卵石、沙砾。颇具讽刺意味的是，摧毁这座岩石堡垒的自然力量竟是最柔弱、最温顺的东西——水和风！风的吹刮，潺潺流淌的溪水，最终征服了坚固的高山。中国古代的道家典籍《道德经》十分精辟地论述了这种"柔"的力量："天下之至柔，驰骋天下之至刚。"而且，要化解僵持的局面，不是再也没有比宽恕的精神力量更有效了吗？

当某个人性情暴躁、牢骚满腹时，跟他接触的人自然会吃苦头。然而，倘若我们也变得冷酷无情，跟他尖锐对立，结果会变得更糟。

有人发表意见说："倘若生活一点儿也不像你想象的那样，那么，你该将就一些才是！"要做到宽恕也许并不容易。有人说："一个人宽恕他人的能力，与他心灵的伟大成正比。"倘若宽恕是真诚的和完全的，那么，整个事件中也就没有什么是不能宽恕的。仇恨、怨愤甚至最轻微的不悦，都会在宽恕的作用下烟消云散。

你是否在责备某个人，认为他对你做错了什么事情？你是否因目前的处境而怨恨此人？你是否有些相信"倘若不是某个人做了某件事，我本来会更幸福和更成功的"？我们往往会以这样或那样的方式将我们生活中的不幸推诿给某个替罪羊。你是否意识到，在生活中，你紧紧抓住什么，什么就会紧紧抓住你？你是否曾对自己说"我绝不会忘记他是怎样对待我的"？你绝不会忘记！作为平常人来讲，要使这些思想与感受不被重新记起，的确十分困难。然而，这不是不能做到的。一旦你真正开始理解到上帝的爱与正义的法则能够为那些信仰的人调解一切纠纷,那么,你就会得到帮助。

相传,数百年前,列奥纳多·达·芬奇在米兰的圣母教堂画《最后的晚餐》时曾有一段逸闻:当他画到耶稣的面容时遇到一件令他很不愉快的事。达·芬奇对某个人非常恼怒,二人之间发生了一场激烈的争执,达·芬奇甚至威胁说要对那个人拳脚相加。达·芬奇把那个人赶跑后,又回来画他的壁画,然而,他心中充满了怒气,所有的艺术灵感都消失殆尽。达·芬奇仍旧尽自己的努力去画,但他还是画不好耶稣的面容。他又一次次尝试用细腻的笔触去画,结果都失败了,使他更加沮丧和不安。最后,达·芬奇终于认识到,他的怒气赶跑了他在创作中必不可少的宁静的心境。这位大艺术家搁下画笔,走出教堂去找到那个跟他争吵的人,向那个人道了歉,并请求宽恕。问题解决了,达·芬奇带着宁静与慈祥的心境回到工作上,基督光辉的面容也从他的笔端涌流而出。艺术家以他宽恕的心境抓住了这个奇妙的时刻。

甚至到了今天,教堂四壁许多都已坍塌毁坏,然而,《最后的晚餐》在世界艺术宝库中仍占有着光辉的一页。

我们必须认识到我们为心怀妒忌与愤恨所付出的代价。我们一是要懂得:倘若我们不宽容,受害的将是我们自己。心怀妒忌和愤恨,要花去我们的许多精力,而我们本来可以把这些精力用在工作上。妒忌与愤恨表面上使我们获得了某种心理上的公正,然而,从长远来看,果真会有什么实在意义吗?既然答案是否定的,那么,我们为什么还要用这些消极的思想情绪来进一步伤害自己呢?那些紧紧抱着不宽恕态度的人,在心灵和身体两方面都会因此而付出沉重的代价。

蒲伯的话说得十分好:"人类难免会犯错误,但神却让我们宽恕。"我们自身所具有的最高尚、最优秀的品质在激励着我们紧紧跟上生活的步伐,停止为我们的失败寻找种种借口。当我们不是从失败中吸取教训,获得经验,而是将失败归咎于他人,我们就是在做着危害我们自己的事情。

完全、彻底的宽恕,是我们重新焕发青春与热情,走上健康、幸福生活道路的保障。这是我们对生活负起责任的标志。一旦我们意识到,我们已经坐在了司机的座位上,我们就能将车子平稳地、迅速地开上大道。

"柔弱胜刚强。"这是《道德经》教导我们的又一条美丽的生活法则。以忍让、宽容的态度来面对生活的"竞赛",我们将取得胜利。

懂得宽容的人才是聪明人

> 宽恕和受宽恕的难以言喻的快乐,是连神明都会为之美慕的极大乐事。——哈伯德

宽容是一种博大而深远的胸怀,是人类的最高美德之一。宽容主要是指对于不同的生活方式、不同的价值观、不同的言论、不同的宗教信仰等的理解和尊重,采取兼容并包的态度,不把自己认为"是"或"非"的东西强加给别人。我们可以不同意别人的所想所为,但我们应当尊重别人的选择,给别人以自由思考和生活的权利。

乔治·罗纳住在瑞典的艾普苏那。乔治·罗纳在维也纳当了很多年律师,但是在第二次世界大战期间,他逃到瑞典,一文不名,需要找份工作。因为他能说并能写好几国的语言,所以希望在一家进出口公司里找到一份秘书的工作。绝大多数公司都回信告诉他,因为正在打仗,他们不需要用这一类的人,但他们会把他的名字存在档案里……不过有一个人在写给乔治·罗纳的信上说:"你对我生意的了解完全错误。你既蠢又笨,我根本不需要任何替我写信的秘书。即使我需要,也不会请你,因为你甚至连瑞典文也写不好,信里全是错字。"

当乔治·罗纳看到这封信的时候,简直气得发疯。那个瑞典人写信说他不懂瑞典文是什么意思?那个瑞典人自己的信上就是错误百出。

乔治·罗纳当时就写了一封信,目的是使那个人大发脾气。后来,他停下来对自己说:"等一等,我怎么知道他说的是不是对的?我修过瑞典文,可是这并不是我的母语,也许我确实犯了很多我并不知道的错误。如果是那样的话,那么我想要得到一份工作,就必须继续努力学习。这个人可能帮了我一个大忙,虽然他本意并非如此。他用这么难听的话来表达他的意见,并不表示我就不亏欠他,所以应该写封信给他,在信上感谢他一番。"乔治·罗纳撕掉了他刚刚写过的那封骂人的信。

乔治·罗纳另外写了一封信说:"你这样不嫌麻烦地写信给我实在是太好

了。对于我把贵公司的业务弄错的事我觉得非常抱歉，我之所以写信给你，是因为我向别人打听，而别人把你介绍给我，说你是这一行的领导人物。我并不知道我的信上有很多文法上的错误，我觉得很惭愧，也很难过。我现在打算更努力地去学习瑞典文，以改正我的错误，谢谢你帮助我走上改进之路。"

没过几天，乔治·罗纳就收到那个人的信，请罗纳去找他。罗纳去了，而且得到一份工作，乔治·罗纳由此发现"温和的回答能消除怒气"。

有句老话说：不能生气的人是笨蛋，而不去生气的人才是聪明人。这也是前纽约州州长威廉·盖诺所坚持的信条。他被一份内幕小报攻击得体无完肤之后，又被一个疯子打了一枪而几乎送命。他躺在医院的时候说："每天晚上我都原谅所有的事情和每一个人。"这样做是不是太理想化了呢？如果是的话，就让我们来看看那位伟大的德国哲学家，也就是"悲观论"的提出者叔本华的理论。他认为生命就是一种毫无价值而又痛苦的冒险，当他走过的时候好像全身都散发着痛苦；可是在他绝望的深处，叔本华说道："如果可能的话，不应该对任何人有怨恨的心理。"

大千世界，凡是有人群的地方，就难免有矛盾，有钩心斗角。各种利害冲突使人不可能不发生摩擦。有君子，就有小人；有温情，就有冷漠。如何在一个复杂的群体当中站稳脚跟，并得到大多数人的支持和帮助呢？只有"宽"才可以。

荀子认为"君子贤而能容罢，知而能容愚，博而能容浅，粹而能容杂"。在生活中，我们随时都会遇到一些人说过对不起自己的话或做过对不起自己的事，当别人对不起我们时，我们应当怎么办呢，是针锋相对，以怨报怨呢，还是以宽容为怀，原谅别人呢？应当宽容之，理解之，原谅之，并以实际行动感化之。

对于个人而言，宽容无疑会带来良好的人际关系，自己也能生活得轻松、愉快，对于一个团体而言，宽容必定会营造一种和谐的气氛，利己利人。因此，宽容即是建立良好人际关系的一大法宝。

我们也许不能像圣人般去爱我们的仇人，可是为了我们自己的健康和快乐，我们至少要原谅他们，忘记他们，这是一种友善的表示，这样做实在是很聪明的事。

■宽容别人等于给自己留后路

宽容产生的道德上的震动比责罚产生的要强烈得多。

——苏霍姆林斯金

当智慧的黎明将翅膀张开在东方进步的地平线上，当无知和迷信将最后的脚印留在时间的沙滩上时，在人类的犯罪与错误记录簿中将会记上：人类最悲哀的罪恶是褊狭！

很多时候，我们需要别人宽容，也要宽容别人，一味争、抢只能使你陷入孤立。

亚历山大大帝骑马旅行到俄国西部。一天，他来到一家乡镇小客栈，为进一步了解民情，他决定徒步旅行。当他穿着没有任何军衔标志的平纹布衣走到了个三岔路口时，记不清回客栈的路了。

亚历山大无意中看见有个军人站在一家旅馆门口，于是他走上去问道："朋友，你能告诉我去客栈的路吗？"

那军人叼着一只大烟斗，头一扭，高傲地把这身着平纹布衣的旅行者上下打量一番，傲慢地答道："朝右走！"

"谢谢！"大帝又问道，"请问离客栈还有多远！"

"一英里。"那军人生硬地说，并瞥了陌生人一眼。

大帝抽身道别刚走出几步又停住了，回来微笑着说："请原谅，我可以再问你一个问题吗？如果你允许我问的话，请问你的军衔是什么？"

军人猛吸了一口烟说："猜嘛。"

大帝风趣地说："中尉？"

那烟鬼的嘴唇动了下，意思是说不止中尉。

"上尉？"

烟鬼摆出一副很了不起的样子说："还要高些。"

"那么，你是少校？"

"是的！"他高傲地回答。于是，大帝敬佩地向他敬了礼。

少校转过身来摆出对下级说话的高贵神气，问道："假如你不介意，请问你是什么官？"

大帝乐呵呵地回答:"你猜!"

"中尉?"

大帝摇头说:"不是。"

"上尉?"

"也不是!"

少校走近仔细看了看说:"那么你也是少校?"

大帝镇静地说:"继续猜!"

少校取下烟斗,那副高贵的神气一下子消失了。他用十分尊敬的语气低声说:"那么,你是部长或将军?"

"快猜着了。"大帝说。

"殿……殿下是陆军元帅吗?"少校结结巴巴地说。

大帝说:"我的少校,再猜一次吧!"

"皇帝陛下!"少校的烟斗从手中一下掉到了地上,猛地跪在大帝面前,忙不迭地喊道:"陛下,饶恕我!陛下,饶恕我!"

"饶你什么?朋友。"大帝笑着说,"你没伤害我,我向你问路,你告诉了我,我还应该谢谢你呢!"

大千世界,难免会有被人误会的时候,这时你是否会发出沉重的呼声。

也许你并不是一个脾气暴躁的人,也不会对所有的事情都发脾气,可是就有一两个人老是惹你生气,他们可能是你的老朋友、邻居或同学。

就像你老觉得别人在侮辱你一样,不管你做什么事,他都做得比你好,或者他会说哪个人做得比你好。你和他在一起的时候,只好开始夸耀自己,宣扬自己的成就,甚至可能夸大自己的能力。你为了报复,只好开始侮蔑他,同时愈来愈觉得愤怒和厌恶。你不仅无法忍受别人,你也变得不喜欢自己了。

令你最生气的人,很可能也是你最亲近的人。即使是全副武装的敌人,也不至于像你身边的人给你那么猛烈的攻击。

我们都知道谁是自己的敌人,也知道为什么他是我们的敌人;可是对亲近的人而言,我们却常常否认彼此之间存在的困扰,而且还要为他找借口否认真正的问题——直到下一次,怒火又上升了为止。

到底是谁怎么惹你生气的?你现在可能知道答案,也可能不知道。但你可以一直探究下去,知道惹你生气的人是谁,他做了什么事,你有什么感觉,还有问题在哪里。如果你老是被同一个人激怒，你可能会发现他的某些行为特别容易惹你生气。

每个人都期待自己能拥有一颗王者之心，但是却不清楚，其实王者之所以为王，他的第一风范应是：超凡的宽容。用我们伟大的心灵去创造辉煌的业绩，何尝不需要具有一种王者风范呢？宽容别人是上帝赐予我们最崇高的做人原则之一，灵活做人，更应明白这个原则。让我们坚持这个原则不动摇，让这个社会少一些埋怨，多一些宽容吧！

■ 宽容给您一片广阔的天地

世界上最宽阔的是海洋，比海洋更宽阔的是天空，比天空更宽阔的是人的胸怀。

——雨果

"处处绿杨堪系马，家家有路到长安。"宽容就是潇洒。宽厚待人，容纳非议，乃事业成功、家庭幸福美满之道。事事斤斤计较、患得患失，活得也累，难得人世走一遭，潇洒最重要。

宽容就是忘却。人人都有痛苦，都有伤疤，动辄去揭，便添新创，旧痕新伤难愈合。忘记昨日的是非，忘记爱人曾经有过的一段浪漫，忘记别人先前对自己的指责和谩骂，时间是良好的止痛剂。学会忘却，生活才有阳光，才有欢乐。

宽容就是忍耐。同事的批评、朋友的误解，过多的争辩和"反击"实不足取，唯有冷静、忍耐、谅解最重要。相信这句名言："宽容是在荆棘丛中长出来的谷粒。"能退一步，天地自然宽。

宽容就是洞察。世界由矛盾组成，任何人或事情都不会尽善尽美。无论是"患难之交"、"亲朋好友"，还是"金玉良缘"、"模范夫妇"，都是相对而言。他们的矛盾、苦恼常被掩饰在成功的光环下，而掩盖的工具恰恰是宽容。不必羡慕人家，不要苛求自己，常用宽容的眼光看世界，事业、家庭和友谊才能稳固和长久。

一位老妈妈在她50周年金婚纪念日那天，向来宾道出了她保持婚姻幸福的秘诀。她说："从我结婚那天起，我就准备列出丈夫的 10 条缺点，为了我们婚姻的幸福，我向自己承诺，每当他犯了这 10 条错误中的任何一条的时候，我都愿意原谅他。"有人问，那 10 条缺点到底是什么呢？她回答说："老实告诉你们吧，50 年来，我始终没有把这 10 条缺点具体地列出来。每当我丈夫做错了事，让我气得直跳脚的时候，我马上提醒自己：算他运气好吧，他犯的是我可以原谅的那 10 条错误当中的一个。"

这个故事告诉我们：在婚姻的漫漫旅程中，不会总是艳阳高照、鲜花盛开，也同样有夏暑冬寒、风霜雪雨。面对生活中的一些矛盾，如果能像那位老妈妈一样，学会宽容和忍让，你就会发现，幸福其实就在你的身边。

互相宽容的朋友一定百年同舟；互相宽容的夫妻一定千年共枕；互相宽容的世界一定和平美丽。穿梭于茫茫人海中，面对一个小小的过失，常常一个淡淡的微笑，一句轻轻的歉语，带来包涵谅解，这是宽容；在人的一生中，常常因一件小事、一句不注意的话，使人不理解或不被信任，但不要苛求任何人，以律人之心律己，以恕己之心恕人，这也是宽容。所谓"己所不欲，勿施于人"也寓理于此。

法国 19 世纪的文学大师维克多·雨果曾说过这样的一句话："世界上最宽阔的是海洋，比海洋宽阔的是天空，比天空更宽阔的是人的胸怀。"雨果诗意的话具有深刻的现实启示。

相传古代有位老禅师，一日晚在禅院里散步，突见墙角边有一张椅子，他一看便知有位出家人违犯寺规越墙出去溜达了。老禅师也不声张，走到墙边，移开椅子，就地而蹲。少顷，果真有一小和尚翻墙，黑暗中踩着老禅师的背脊跳进了院子。当他双脚着地时，才发觉刚才踏的不是椅子，而是自己的师傅。小和尚顿时惊慌失措，张口结舌。但出乎小和尚意料的是师傅并没有厉声责备他，只是以平静的语调说："夜深天凉，快去多穿一件衣服。"

小和尚再也没有翻过墙。老禅师宽容了他的弟子。他知道，宽容是一种无声的教育。

在生活中，当你的对手，出于内心的丑恶，在你背后说坏话做错事时，此时你想伺机报复，还是宽容？当你亲密无间的朋友，无意或有意做了令你伤心的事情，此时你想从此分手，还是宽容？只要你足够冷静，你一定会选择宽容，因为这样，无论对人对己都有益无害。

有人说宽容是软弱的象征，其实不然，有软弱之嫌的退让根本称不上真正的宽容。宽容是人生难得的佳境——一种需要操练、需要修行才能达到的境界。

宽容，意味着你不会再为他人的错误而惩罚自己。

宽容地对待你的敌人、仇家、对手，在非原则的问题上，以大局为重，你会得到海阔天空的喜悦、化干戈为玉帛的喜悦、人与人之间相互理解的喜悦。要知你并非踽踽单行，在这个世界里，我们各自走着自己的生命之路，纷纷攘攘，难免有碰撞，所以即使心地最和善的人也难免要伤别人的心，如果冤冤相报，非但抚平不了心中的创伤，而且只能将伤害者捆绑在无休止的争吵战车上。

三国时，诸葛亮初出茅庐，刘备"如鱼得水"，而关、张兄弟却未然。在曹兵突然来犯时，兄弟俩便"鱼"呀"水"呀地对诸葛亮冷嘲热讽，诸葛亮胸怀全局，毫不在意，仍然重用他们。结果新野一战大获全胜，使关、张兄弟佩服得五体投地。如果诸葛亮当初跟他们一般见识，争论纠缠，势必造成将帅不和，人心分离，哪能有新野一战和以后更多的胜利呢？

宽容是一种博大，它能包容人世间的喜怒哀乐；宽容是一种境界，它能使人跃上大方磊落的台阶。只有宽容，才能"愈合"不愉快的创伤；只有宽容，才能消除人为的紧张。

宽容，意味着你不会再患得患失。

宽容，首先包括对自己的宽容。只有对自己宽容的人，才有可能对别人也宽容。人的烦恼一半源于自己，即所谓画地为牢，作茧自缚。电视剧《成长的烦恼》讲的都是烦恼之事，但是他们对儿女、邻居的宽容，最终都把烦恼化为了捧腹的笑声。

芸芸众生，各有所长，各有所短。争强好胜失去一定限度，往往受身外之物所累，失去做人的乐趣。只有承认自己某些方面不行，才能扬长避短，才能不被嫉妒之火吞灭心中的灵光。

宽容地对待自己，就是心平气和地工作、生活。这种心境是充实自己的良好状态。充实自己很重要，只有有准备的人，才能在机遇到来之时不留下失之交臂的遗憾。知雄守雌，淡泊人生是耐住寂寞的良方。轰轰烈烈固然是进取的写照，但成大器者，绝非热衷于功名利禄之辈。

俗语有"宰相肚里能撑船"之说。古人与人为善、成人之美、修身立德的谆谆教诲警示世人，一个人若心胸宽广、性格豁达方能纵横驰骋，若纠缠于无谓鸡虫之争，非但有失儒雅，反则终日郁郁寡欢，神魂不定。唯有对世事时时心平气和、宽容大度，才能处处契机应缘、和谐圆满。

唐朝谏议大夫魏征，常常犯颜苦谏，屡逆龙鳞，可唐太宗宽容为怀，把魏征看作照见自己得失的"镜子"，开创了史称"贞观之治"的太平盛世。

如果一语龃龉，便遭打击；一事唐突，便种下祸根；一个坏印象，便一辈子倒霉，这就说不上宽容，就会被人们称为"母鸡胸怀。"真正的宽容，应该是能容人之短，又能容人之长。对才能超过自己者，也不嫉妒，唯求"青出于蓝而胜于蓝"，热心举贤，甘做人梯，这种精神将为世人称道。

宽容的过程也是"互补"的过程。别人有此过失，若能予以正视，并以适当的方法给予批评和帮助，便可避免大错。自己有了过失，也不灰心丧气，一蹶不振，同样也应该宽容和接纳自己，并努力从中吸取教训，引以为戒，取人之长，补己之短，重新扬起工作和生活的风帆。

宽容，意味着你有良好的心理状态。

宽容，对人对自己都可成为一种无须投资便能获得的"精神补品"。学会宽容不仅有益于身心健康，且对赢得友谊、保持家庭和睦、婚姻美满，乃至事业的成功都是必要的。因此，在日常生活中，无论对子女、对配偶、对老人、对学生、对领导、对同事、对顾客、对病人……都要有一颗宽容的爱心。宽容，往往折射出为人处世的经验、待人的艺术、良好的涵养。学会宽容，需要自己吸收多方面的"营养"，需要自己时常把视线集中在完善自身的精神结构和心理素质上。否则，一个缺乏现代文明阳光照射的贫儿，当被人们嗤之以鼻，不屑一顾。

当然，宽容绝不是无原则的宽大无边，而是建立在自信、助人和有益于社会基础上的适度宽大，必须遵循法制和道德规范。对于绝大多数可以教育好的人，宜采取宽恕和约束相结合的方法；而对那些蛮横无理和屡教不改的人，则不应手软。从这一意义上说"大事讲原则，小事讲风格"，乃是应取的态度。

处处宽容别人，绝不是软弱，绝不是面对现实的无可奈何。在短暂的生命里程中，学会宽容，意味着你的思想更加快乐。宽容，可谓人生中的一种哲学。

适度淡泊，学会宽容！

■宽容，熨帖人心的良药

尽量宽恕别人，而决不要原谅自己。

——贺拉斯

你也许会遭受到来自别人对自己的恶意诽谤和致命的伤害。但唯有以德报怨，把伤害留给自己，才能赢得一个充满温馨的世界。释迦牟尼说："以恨对恨，恨永远存在；以爱对恨，恨自然消失。"

第二次世界大战期间，一支部队在森林中与敌军相遇，激战后有两名战士与部队失去了联系。这两名战士来自同一个小镇。

两人在森林中艰难跋涉，他们互相鼓励、互相安慰。十多天过去了，仍未与部队联系上。这一天，他们打死了一只鹿，依靠鹿肉又艰难度过了几天。也许是战争使动物四散奔逃或被杀光，这以后他们再也没看到过任何动物。他们仅剩下的一点鹿肉，背在年轻战士的身上。这一天，他们在森林中又一场与敌人相遇，经过再一次激战，他们巧妙地避开了敌人。就在自以为已经安全时，只听一声枪响，走在前面的年轻战士中了一枪——幸亏伤在肩膀上！后面的士兵惶恐地跑了过来，他害怕得语无伦次，抱着战友的身体泪流不止，并赶快把自己的衬衣撕下包扎战友的伤口。

晚上，未受伤的士兵一直念叨着母亲的名字，两眼直勾勾的。他们都以为他们熬不过这一关了。尽管饥饿难忍，可他们谁也没动身边的鹿肉。天知道他们是怎么过的那一夜。第二天，部队救出了他们。

事隔30年，那位受伤的战士安德森说："我知道谁开的那一枪，他就是我的战友。当时在他抱住我时，我碰到他发热的枪管。我怎么也不明白，他为什么对我开枪？但当晚我就宽容了他。我知道他想独吞我身上的鹿肉，我也知道他想为了他的母亲而活下来。此后30年，我假装根本不知道此事，也从不提及。战争太残酷了，他母亲还是没有等到他回来。我和他一起祭奠了老人家，那一天，他跪下来，请求我原谅他，我没让他说下去。我们又做了几十年的朋友，我宽容了他。"

在现实生活中，难免会发生这样的事：亲密无间的朋友，无意或有意做了伤害你的事，你是宽容他，还是从此分手，或待机报复？有句话叫"以牙还牙"，分手或报复似乎更符合人的本能心理。但这样做了，怨会越结越深，仇会越积越多，真是冤冤相报何时了。如果你在切肤之痛后，采取别人难以想象的态度，宽容对方，表现出的宽广胸襟，你的形象瞬时就会高大起来，你的宽宏大量、光明磊落使你的精神达到了一个新的境界，你的人格也折射出高尚的光彩。宽容，作为一种美德受到了人们的推崇，作为一种人际交往的心理因素也越来越受到人们的重视和青睐。

一般人总认为，做了错事得到报应才算公平。但英国诗人济慈说："人们应该彼此容忍，每个人都有缺点，在他最薄弱的方面，每个人都能被切割捣碎。"每个人都有弱点与缺陷，都可能犯下这样那样的错误。作为肇事者要竭力避免伤害他人，但作为当事人要以博大胸怀宽容对方，避免消极情绪的产生，并让彼此回到和谐的状态中来。

唐朝的李靖，曾任隋炀帝时的郡丞，最早发现李渊存图谋天下之意，亲自向隋炀帝检举揭发。李渊灭隋后要杀李靖，李世民反对报复，再三请求保他一命。后来李靖驰骋疆场，征战不疲，安邦定国，为李家王朝立下赫赫战功。魏征曾鼓动太子建成杀掉李世民，李世民同样不计旧怨，量才重用，使魏征觉得"喜逢知己之主，竭尽力用"，也为唐王朝立下了丰功。不念旧恶，是赢得人心的一种很好的艺术。

"人非圣贤，孰能无过？"当我们有对不起别人的地方时，多么渴望能得到对方的谅解啊！又多么希望对方把这一段不愉快的往事忘记啊！那么，将心比心，我们为什么不能用宽厚的态度去对待他人呢？王安石对苏东坡的态度，应当说，也是有那么一点"恶"的。他当宰相的时候，因为苏东坡与他政见相左，借故将苏东坡降职减薪，贬官到了黄州。

然而，苏东坡胸怀大度，他根本不把这事放在心上，更不念旧恶。王安石从宰相的位子上垮台后，两人的关系反倒好了起来。他不时写信给隐居金陵的王安石，或共叙友情，互相勉励，或讨论学问，十分投机。苏东坡由黄州调往汝州时，还特意到南京看望王安石，受到了热情接待。二人结伴同游，促膝谈心。临别时，王安石嘱咐苏东坡：将来告退时，要来金陵买一处田宅，好与他永做睦邻。苏东坡也满怀深情地感慨道："劝我试求三亩田，从公已觉十年迟。"两人一扫嫌隙，成了知心朋友。

只要我们宽厚待人，将会得到对方的感激，而在日后的生活中获益。美国第三任总统杰斐逊与第二任总统亚当斯从恶交到宽恕就是一个生动的例子。杰斐逊在就任前夕，想去白宫告诉亚当斯，他希望针锋相对的竞选活动并没有破坏他们之间的友谊。但据说杰斐逊还来不及开口，亚当斯便咆哮起来："是你把我赶走的！是你把我赶走的！"从此两人没有交谈达数年之久，直到后来杰斐逊的几个邻居去探访亚当斯，这个坚强的老人仍在诉说那件难堪的事，但接着冲口说出："我一直都喜欢杰斐逊，现在仍然喜欢他。"

邻居把这话传给了杰斐逊，杰斐逊便请了一个彼此皆熟悉的朋友传话，让亚当斯也知道他的深重友情。后来，亚当斯写了一封信给他，两人从此开始了美国历史上最伟大的书信交往。

这个例子告诉我们，宽容是一种多么可贵的精神，多么高尚的人格。宽容意味着理解和通融，是融合人际关系的催化剂，是友谊之桥的紧固剂。宽容还能将敌意化解为友谊。戴尔·卡耐基在电台上介绍《小妇人》的作者时心不在焉地说错了地理位置。其中一位听众就写信来骂他，把他骂得体无完肤。他当时真想回信告诉她："我把区域位置说错了，但从来没有见过像你这么粗鲁无礼的女人。"但他控制了自己，没有向她回击，他鼓励自己将敌意化解为友谊。他自问："如果我是她的话，会像她一样愤怒吗？"他尽量站在她的立场上来思索这件事情。他打了个电话给她，再三向她承认错误并表达道歉。这位太太终于表示了对他的敬佩，希望能与他进一步深交。

宽容是解除疙瘩的最佳良药，宽广的胸襟是交友的上乘之道，宽容能使你赢得朋友的友谊。

宽容是一种美德

由宽大平和之中认识这世界的可爱和可颂赞之外，才不辜负这难得的一生。

——罗兰

智者说："几分容忍，几分度量，终必能化干戈为玉帛。"

人们交往贵在与人为善，宽以待人。所谓宽以待人，就是指对他人的要求不过分，不强求于人，而是以宽容为怀，能让人时且让人，能容人处且容人。

宽恕别人就是善待自己，你希望别人善待自己，就要善待别人，要将心比心，多给人一些关怀、尊重和理解；对别人的缺点要善意指出，不能幸灾乐祸；对别人的危难应尽力相助，不应袖手旁观，落井下石。即使是自己人生得意马蹄疾时，也不能得意忘形，居功自傲，而是应多想想别人对自己的帮助和恩惠，让三分功给别人。人总是喜欢和宽容厚道的人交朋友的，正所谓"宽则得众"。

韩国总统金大中正式就职后，公开在总统府，招待了曾经迫害过他的四位前任韩国总统。他以具体行动化解了政治仇恨，展现了伟大的恕人之道。在轰动一时的光州大审中，他曾被政府判处死刑，当时他曾立下遗嘱，要求他的家人和同志不要报仇，让政治迫害就到此为止。他宽广的心胸、伟大的情操被无数世人尊敬。

宽容是一种修养。当然宽恕伤害自己的人不是一件容易做到的事，要把怨气甚至仇恨从心里驱赶出去，的确是需要极大的勇气和胸襟。就像一本书上说的，一个人的心如同一个容器，当爱越来越多的时候，仇恨就会被挤出去，人不需要一味地、刻意地去消除仇恨，而是不断用爱来充满内心、用关怀来滋润胸襟，仇恨自然没有容身之处。

一个匈牙利的骑士，被一个土耳其的高级军官俘获了。这个军官把他和牛套在一起犁田，而且用鞭子赶着他工作。他所受到的侮辱和痛苦是无法用文字形容的。因为那个土耳其军官所要求的赎金是出乎意外的高，这位匈牙利骑士的妻子变卖了她所有的金银首饰，典当出去他们所有的堡寨和田产，他们的许多朋友也捐募了大笔金钱，终于凑集齐了这个数目。匈牙利骑士算是从羞辱和奴役中获得了解放，但他回到家时已经是病得支持不住了。

没过多久，国王颁布了一道命令，征集大家去跟犹太教的敌人作战。这个匈牙利骑士一听到这道命令，再也安静不下来。他无法休息，片刻难安。他叫人把他扶到战马上，气血上涌，顿时就觉得有气力了，而后向胜利驰去。他把那位曾把他套在轭下、羞辱他、使他痛苦万分的将军变成了他的俘虏。现在那个土耳其军官，已经是俘虏的土耳其人现在被带到他的堡寨里来，一个钟头后，那位匈牙利骑士就出现了。他问这个俘虏说："你想到过你会得到什么待遇吗？""我知道！"土耳其人说，"报复！但是我怎样做你才能饶恕我呢？""一点也不错，你会得到一个犹太教徒的报复！"骑士说，"耶和华的教义告诉我们爱我们的同胞，宽恕我们的敌人。上帝本身就是爱！放心地回到你的家里，回到你的亲爱的人中间去吧。不过请你将来对受难的人温和一些，仁慈一些吧！"这个俘虏忽然大哭起来："我做梦也想不到能够得到这样的待遇！我想我一定会受到酷刑和痛苦的折磨。因此我已经服了毒，过几个钟头毒性就要发作。我必死无疑，一点办法也没有！不过在我死以前，请再让我听一次这种充满了爱和慈悲的教义。它是这么的伟大和神圣！让我怀着这个信仰死去吧！让我作为一个犹太教徒死去吧！"他的这个要求得到了满足。

如果你不理解什么是宽容，读到这里，也许你会感悟：紫罗兰将香气留在踩扁它的脚踝上，这就是宽容。

今天才是最重要的

你我都站在过往与未来的交会点上。过去永不再来，未来又尚不可知。因此，让我们知足地活在我们所能活的唯一时段内：从起床到入睡时。

一位哲学家在古罗马的废墟里发现了一尊神像。由于从来没见过这样的神像，哲学家好奇地问它："你是什么神啊，为什么有两张面孔？"

神像回答："我的名字叫双面神。我可以一面回视过去，吸取教训，一面仰望将来，充满希望。"

哲学家又问："那么现在呢？最有意义的现在，你注视了吗？"

"现在！"神像一愣，"我只顾着过去和将来，哪还有时间管现在？"

哲学家说："过去的已经逝去了，将来的还没有来到，我们唯一能把握的就是现在；如果无视于现在，那么即使你对过去未来了如指掌，那又有什么意义呢？"

神像一听，恍然大悟，他失声痛哭起来："你说的没错，就是因为抓不住现在，所以古罗马城才成为历史，我自己也被人丢在了废墟里。"

■ 把握今天

虚度今天，就是毁了昔日成果，丢了来日前程。

——李大钊

时间并不能像金钱一样让我们随意储存起来，以备不时之需。我们所能使用的只有被给予的那一瞬间，也就是今日和现在。如果我们不能充分利用今日而让时间白白虚度，那么它将一去不返。所谓"今日"，正是"昨日"计划中的"明日"；而这个宝贵的"今日"，不久将消失到遥远的彼方。对于我们每个人来讲，得以生存的只有现在——过去早已消失，而未来尚未来临。昨天，是张作废的支票；明天，是尚未兑现的期票；只有今天，才是现金，是有流通性的价值之物。

人要学会在现时中生活。需要注意的是，我们所用的"现时"一词，它更加强调的是"现在"这一时间概念。现实生活是你真正生活的关键所在。细想一下，除了"现在"，我们永远不能生活在任何其他时刻，你所能把握的只有现在的时光，其实未来也只不过是一种即将到来的"现在"。有一点可以肯定：在未来到来之前，你是无法生活于未来之中的。

有时人们不得不为将来牺牲现在。细细体味采取这种态度就意味着不仅要避免目前的享受，而且要永远回避幸福——将来那一时刻一旦到来，也就成为现时，而我们到那时又必须利用那一现时为将来做准备。这样，幸福总是明日复明日，永远可望而不可即。

现时，是一种难以捉摸而又与你形影不离的时光，只有你完全沉浸于其中，才可得到一种美好的享受。因此，你应该充分享受现时的每分每秒，而不必去考虑已过去的往日和自然到来的将来。抓住现在的时光，这是你能够有所作为的唯一时刻。

回避现实往往导致对未来的一种理想化。希望、期望和惋惜都是回避现实的最为常见的方法。你可能会想象自己在今后生活中的某一时刻，会发生一个奇迹般的转变，你一下子变得事事如意、幸福无比、财富无限。或者期望自己在完成某一特别业绩——如大学毕业、结婚、有了家庭或职务晋升之后，你将重新获得一种新的生活。然而，当那一刻真正到来时，你却并没获得自己原先想象的幸福，甚至往往有些令人失望。未来永远没有你所想象的那么美好、如诗如画，它也只是一种切切实实的将要到来的"现时"。为什么许多年轻人婚后不久就哀叹生活与婚姻的不幸，其中不乏一个原因——他们曾经将婚姻和未来幻想得过于幸福美满，而当这一切真正到来时，他们却因为没有珍惜而错过了现时的快乐。

当然，如果生活中的某些方面并没有达到你原先的期望，你可以通过对未来的再一次理想化而将自己从低沉的情绪中解脱出来。但千万不要让这种恶性循环成为你的一种固定生活模式。立即采取一些现实生活的措施，打破这种恶性循环。

著名小说家亨利·詹姆斯在《大使们》一书中如此忠告：

"尽情地生活吧，否则，就是一个错误。你具体做什么都关系不大，关键是你要生活。假如没有生活，你还有什么呢……失去的就永远失去了，这是毫无疑义的……所谓适当的时刻就是人们仍然有幸得到的时刻……生活吧！"

如果你也像托尔斯泰书中的伊凡·伊里奇那样回顾自己的一生，你将会减少很多没有必要的遗憾。

"如果我到目前为止的整个生活都是错误的，那该怎么办？他忽然意识到以前在他看来完全不可能的事也许的确是真的——他也许真的没有按照他本应做的那样去生活。他忽然意识到，自己以前那些难以察觉的念头——尽管出现之后便随即被打消——或许才是真实的，而其他一切则是虚假的。他的职业义务、他的生活以及家庭的整个安排，还有他的一切社会利益和表面利益，也许完全都是虚无的。他一直在为这一切进行着辩解，然而现在，他蓦然感到自己的辩解是苍白无力的。没有什么值得辩解的……"

恰恰相反，正是那些你所没做的事情才会使你在心中耿耿于怀。如果你以自我挫败的方式度过现在的时光，就无异于永远地失去这一现时。因此，你现在应该去做的事情十分显然——行动起来！珍惜现在的时光，充分利用现在的时光，不要放过一分一秒。

抓住今天，不要沉迷过去

今天能够完成的事情，绝不要拖到明天去做。

——切斯特·菲尔德

成功人士的做事秘诀是什么，你知道吗？它就是：抓住现在，不要沉湎于过去。

在别人的谈论中，你经常会听到这样的内容，他们经常提到他们曾经做过哪种事，或他们过去曾经是如何样的人，他们肯定在回想着他们过去的荣耀。这些人物都不是具有做事导向的人物，他们都是过去式的英雄。你若是个有

好心态成就好人生

一定球龄的足球迷，你就肯定了解我们国家队至今仍沉迷在过去我们几次都曾差点冲出了亚洲，这原因就是我们现在还存在差距，所以只好沉迷于过去那不是辉煌的辉煌之中。

而那些真正有作为的人，对于他们的过去不太有兴趣谈论，却对将来所要做的事情兴趣浓厚，刻意经营。就如一个好的足球运动员，他不会总沉醉于过去某一场进了几个球之中，而是想如何在下一届的大赛中进更多的球。真正的好演员，也不会被过去自己曾得过金鸡或金鸭奖冲昏了头，而不再追求演技的提高。

千万不要活在过去的荣耀或懊悔之中！

这两种活法，都不利于你的人生。只有你抓住今天，你才可能做事。要抓住今天，你应该心存这样的信念：

就在今天，我要开始做事。

就在今天，我要拟订目标和计划。

就在今天，我要考虑只活今天。

就在今天，我要锻炼好身体。

就在今天，我要健全心理。

就在今天，我要让心休息。

就在今天，我要克服恐惧忧虑。

就在今天，我要让人喜欢。

就在今天，我要让她幸福。

就在今天，我要走向卓越。

美国女作家海伦·凯勒有一篇著名的文章《假如给我三天光明》，她以一个残疾人特有的艺术感觉，描述了一个残疾人对生命、对健康特有的感悟。

对于我们这些耳聪目明、四肢健全的人来说，太阳光下这五颜六色、色彩斑斓的世界实在算不了什么，人世间鼎沸喧闹的声响实在也算不了什么。之所以如此，是因为这些对我们来说实在是再普通不过了。也许正因为如此，我们便毫不珍惜那些似乎极容易得到的东西：色彩、光明、喧闹，乃至于我们的生命。所以，我们身边的大多数人虽然耳聪目明、四肢健全、体格硕健，但却饱食终日，无所事事，到最后并没有取得人生的成功。

假如今天是我们生命的最后一天，假如每天都是我们生命的最后一天，我们又如何对待这最后一天呢？

今天是你生命中仅有的一天！

你只有一次生命，而且生命不过是一段时间而已。如果你浪费了今天，你就是毁坏了你生命的记录。所以，你要学会珍爱今天的每一小时，因为它永远不会再回来了。你无法把今天用堤岸围住，第二天带回来，就像谁也不能去捕捉风。我们要用双手抓住这一天的每一秒钟，并用爱心抚摸，因为它的重要性是任何价值也买不到的。垂死的人愿意拿出他所有的黄金买一口气，可他能如愿吗？

今天是你生命中唯一的一天！

今天的责任，你应该今天去担负，绝不留到明天。今天你要好好地疼爱、教育自己的孩子，趁他们还是少年的时候，因为明天他们要走了，离开你的羽翼独自翱翔。今天你好好爱自己的妻子，明天她要走了，也许你都不能给她送行。你要尽自己最大的努力帮助一位患难中的朋友，或许明天你就不会听到他的呼喊了。今天你会致力于奉献和做事，明天你就没有什么东西可给了，而且也不会有人再领受了。

对于你生命中的这最后一天，你会把它弄成你生命中最美好的一天。你会最后享受一下生活，看看朝阳、看看花朵、看看露水，再尝尝美酒，然后不忘记说声谢谢。你会使每一分钟都换取有价值的东西。你会比以往更加努力劳动、做事，会访问比以往更多的顾客，卖出比以往更多的货物，阅读更多的书籍，赚比以往更多的钱。今天的每一分钟，比昨天的每一小时会有更多的收获。

你生命中的最后一天，会是你一生中最好的一天！

其实，不用假设，我们生命中的今天都是唯一的、最后的。

难道不是吗？

人生只出售单程车票。生命的列车一旦启动，就会朝着一个地方隆隆驶去，绝无掉头的可能。我们每个乘坐这辆列车的人，都应该好好考虑一下这个问题：

如果你的生命只剩下最后一天，你将如何对待？

只有那些懂得如何利用"今天"的人，才会在"今天"创造成功事业的奠基石，孕育明天的希望。

今天是人生最伟大的日子

最宝贵的莫过于"今天"。

——歌德

人类有史以来，再没有什么日子比"今天"更加伟大。之所以说"今天"是有史以来最伟大的日子，就因为它是过去所有历史的总结，拥有过去所有的成就与创造的精华。今天的人们，相较于十年、百年前的同龄人而言，所处的境遇是有天壤之别的。

人们靠着蒸汽机、电力的发明，从繁重的体力劳动中被解放出来。我们应该感谢过去时代的人们，因为他们用自己的智慧和辛勤的劳动给今天的人们缔造了一个无比美好的世界。在这样个世界中，我们应该比前代的人们更勤奋地工作，更愉快地生活，更加努力地为这个世界建立更灿烂的丰功伟绩。

可现实中有些人，总是抱怨生不逢时，总觉得今天的一切简直糟糕透顶，只有过去才是黄金时代。其实昨天、明天都是微不足道的，珍视今天的生活才最为重要。身处今日的世界，人最应该做的事情就是和今天一同前进，怀念过去或者梦想将来，都毫无意义。

脚踏实地，懂得充分利用现在的人，决不会对将来的未知生活抱太多的幻想，也不会对往日的失败或辉煌过多地追悔留恋，他们清楚，只有珍视今天的生活，才不会使生命变得空虚，变得了无生趣。不要因为下一月下一年的打算而轻视这一月这一年的生活，不要因明日的海市蜃楼而践踏今日脚下的玫瑰，使得本可以建功立业的时机悄悄远去。

每个人都应该好好珍惜眼前的时光，在可以完全把握的"今天"，多做一些事情，多付出一些行动。正如一个诗人所写的：尽力地装点现在的房屋吧，使之成为最甜蜜、最温馨的场所，何必过多地梦想遥远的华居？这并不是让人们不计划明天，也不是要人们不期盼明天更美好的事物，而是让我们不要过多地把心思集中在未知的事情上，沉醉于幻想之中，从而错过了今天的风光、今天的机会、今天的成功。

经常回忆过去，会使人衰老，会使我们的意志消沉，会让我们悲观或者自满；经常幻想将来，会让人变得浮华，变得不切实际。无论是过去或将来，都离我们很远，过多对它们留恋，必然会消磨今日的时光。

昨天是前一个"今天"，明天是下一个"今天"，所以，只有把握了每一个"今天"，我们的生活才没有遗憾。每一个充实的"今天"，可以使每一个"昨天"值得回忆，可以让每一个"明天"变得更加美好。

水是柔软的，但它可以穿透坚硬的石头；时间是看不见的，但它强大得足以成为生命最强大的对手。人在一个时间中做一件惊天动地的事，需要勇气，但在所有的时间里做一件平凡的事，则需要坚强的意志。几乎所有的"今天"都是平凡的，但所有的非凡都全部由它们创造。

抓住"今天"吧，用你的意志和理想！

■ 做好手边的事，享受独立的今天

珍惜今天的人，才是快乐的人。

——德莱顿

切断、埋葬已经消逝的过去，切断那些会把人们引上死亡之路的昨天，因为明天的重担加上昨天的重担，必将是今天的最大障碍；同时，要紧紧地关上未来之门，一个人的未来就在于今天，明天从来都是不现实的，人类得到拯救的日子就在今天，你成功的时机就在今天。

1871 年春天，一个年轻人，一名蒙特瑞综合医院的医科学生。这个学生名叫威廉·奥斯勒，正处在种种烦恼的包围之中。

他的烦恼是什么呢？

因为他常常在想：怎样才能通过期末考试？现在该做些什么？将来到什么地方去？怎样才能开创事业？怎样才能谋生？

他拿起一本书，看到了对他的前途有着很大影响的 24 个字。

这 24 个字是：

最重要的是不要去看远处模糊的，而要去做手边清楚的事。

就是这 24 个字，使这位年轻的医科学生后来成为最著名的医学家；就是这24 个字，使他创建了闻名全球的约翰·霍普金斯医学院；也就是这 24 个字，使他成了英国牛津大学医学院的钦定讲座教授——这是这个国家医学界的最高荣誉，他因此被英王封为爵士，也就是人们经常所说的威廉·奥斯勒爵士。威廉·奥斯勒爵士死后，有一本记述他一生经历书籍，厚厚的两大卷书，多达1466页。

对这24个字，威廉·奥斯勒有自己独到的理解。这个独到的理解是他42年之后在耶鲁大学发表讲话的时候总结出来的，这就是：必须生活在"一个完全独立的今天"里。

威廉·奥斯勒所要说明的是假如快乐和收获是一个面包，那么你不要抱怨自己没有面包，也不要抱怨别人抢走了你的面包。如果你今天吃了酸面包，你就应该奋斗起来，不要为这个酸面包烦恼，否则明天你吃的还是酸面包。

请你记住，我们只能吃今天的面包，事实上，我们可能吃到的面包只有今天的面包，过去的面包已经吃过了，明天的面包还不能吃，你何必为此烦恼呢？

让我们用一个每天能产生快乐而富建设性思想的计划，来为我们的快乐而奋斗吧。这种计划的名字叫作"只为今天"。

（1）只为今天，我要很快乐。假如林肯所说的"大部分人只要下定决心都能很快乐"这句话是对的，那么快乐是来自内心，而不是来自于外界。

（2）只为今天，我要让自己适应一切，而不去试着调整一切来适应我的欲望。我要以这种态度接受我的家庭、我的事业和我的运气。

（3）只为今天，我要爱护我的身体。我要多运动、珍惜身体，不损伤它、不忽视它，使它能成为我争取成功的良好基础。

（4）只为今天，我要加强学习。我要学一些有用的东西，我不要做一个知识落伍的人。我要看一些需要思考、更需要集中精神才能看的书。

（5）只为今天，我要用三件事来锻炼我的灵魂：我要为别人做一件好事，但不要让人家知道；我还要做两件我并不想做的事，而这只是为了锻炼。

（6）只为今天，我要做个讨人喜欢的人，外表要尽量修饰，衣着要尽量得体，说话低声，行动优雅，丝毫不在乎别人的毁誉。对任何事都不挑毛病，也不干涉或教训别人。

（7）只为今天，我要试着只考虑怎么度过今天，而不期望我一生的问题一次就解决。因为，我虽能连续12个钟头做一件事，但若要我一辈子都这样做下去的话，就会吓坏了我。

（8）只为今天，我要订下一个计划。我要写下每个钟头该做些什么事；也许我不会完全照着做，但还是要订下这个计划；这样至少可以免除两种缺点：

过分仓促和犹豫不决。

（9）只为今天，我要为自己留下安静的半个钟头，轻松一番。在这半个钟头里，我要想到神，使我的生命充满希望。

（10）只为今天，我要心中毫无惧怕。尤其是，我不要怕快乐，我要去欣赏美的一切，去爱，去相信我爱的那些人。平安和快乐的心境是我们所渴望的，请你务必记住："有了快乐的思想和行为，你就能感到快乐。"

在基督降生的 39 年前，古罗马诗人何瑞斯写下了下面的诗句：

这个人很快乐，也只有他才能快乐。

因为他能把今天称之为"自己的一天"。

这几句很古老的诗句，今天看起来还是非常具有现代意味的。一个人最可怜的就是"自己拖着自己，不去寻找积极的生活"。很多人都向往着天边那座奇妙的玫瑰园，而很少注意欣赏今天就开放在我们窗口的玫瑰。为什么有的人会变成这种傻子？史蒂芬·里高克说：

生命的小小历程是多么奇特呀！小孩子常说：等我是个大孩子的时候……大孩子常说：等我长大成人以后……长大成人以后又说：等我结婚以后……可是结了婚又能怎么样呢，他们的想法肯定变成了"等我退休以后"。然而，退休之后，他回过头看着他所经历的一切，似乎像有一阵冷风吹过。不知怎么，把所有的好东西都错过了，而一切又都一去不复返了。

很多人总是不能及早领悟：生命就在生活里，生命就在每天和每时每刻中。

的确，在当今社会，这种现象仍然广泛地存在着，如果你稍微留心一下你就会发现医院的病房住的最多的就是那些精神上或心理上出现问题的人。而这些人中多半是为昨天和明天所累的人。其实，他们中的大部分人，只要能够牢记耶稣的"不要为明天忧虑"这句话，就完全可以无忧无虑地走在街上，过自己快乐而有趣的生活。

古代哲人说过的"一个人不可能两次踏进同一条河流"，说的就是这个深刻而简单的道理。如果你企图这样，你就会自己毁掉自己的身心。既然事实必须如此，那么就让你自己为生活在这一刻而感到满足吧。

生命的真谛就在于：不论担子是多么的重，可是每个人都能够支持到夜晚的来临。不论工作是多么的辛苦，每个人都能够完成一天的任务，都能够很甜美地、很有耐心地、很可爱、很纯洁地活到太阳下山。的确，生活对一个人的要求也就是这些。

活在今天，珍惜现在的拥有

记住吧！只有一个时间是最重要的，那就是现在！它所以重要，就是因为它是我们唯一能有所作为的时间。

——列夫·托尔斯泰

从前，一个富人和一个穷人谈论什么是快乐。

穷人说："快乐就是现在。"

富人望着穷人的茅舍、破旧的衣着，轻蔑地说："这怎么能叫快乐呢？我的快乐可是百间豪宅、千名奴仆啊。"

有一天，一场大火把富人的百间豪宅烧得片瓦不留，奴仆们各奔东西。一夜之间，富人沦为乞丐。

炎热的七月，汗流浃背的乞丐路过穷人的茅舍，想讨口水喝。穷人端来一大碗清凉的水，问他："你现在认为什么是快乐？"

乞丐眼巴巴地说："快乐就是此时你手中的这碗水。"不错的，快乐对于一个口渴的乞丐来说就是一碗清水，最为简单的拥有，只要你肯把握，那么，快乐就离你不远了。

大卫·葛雷森说："我相信，现在未能把握的生命是没有把握的；现在未能享受的生命是无法享受的；而现在未能明智地度过的生命是难以过得明智的；因为过去的已去，而无人得知未来。"

智慧的人多能顿悟人生，看淡尘世的物欲，抵御各种诱惑，舍弃烦恼和痛苦，惜时如金，提高生活的质量，丰富人生的内涵，踏踏实实做些有利于社会的事情，从而流芳百世。愚蠢的人一般是混沌人生，一生只会贪求名利，在烦恼和痛苦中过早地耗尽生命的"灯油"。昨天已经过去，明天还未到来，最重要的还是今天。昨天只是一种记忆，随着时间的流逝，这种记忆会逐渐被淡忘。明天只是一种虚幻，只会增加莫名的痛苦。人的一生最有害的两种情绪莫过于为往事而悔恨、为未来的事情而担忧。如果你真的被这两种情绪所用，那你就是生活在乌托邦之中。它不会帮你改变过去与未来，却会使你陷入惰性与悲观的泥潭，失去现在！

无论我们的身体和心灵都生活在现在，也只能为现在而存在，为什么要去一遍又一遍地回顾往事、忧虑未来呢？实际上，过去的事情不论多么值得流连或是多么需要悔恨，那只是毫无意义的心理反应，"过去"已经过去了，已经不存在了，而未来尚未到来，也是不存在的。人生就像爬山登高，爬在中途的时候，不必往下看，也不要过多地往上看。因为你不大可能看到顶峰，不大可能看得很远、很清楚，何必要为看不清楚的未来费神费力，分散注意力呢？

有一个国王，常为过去的错误而悔恨，为将来的前途而担忧，整日郁郁寡欢，于是他派大臣四处寻找一个快乐的人，并把这个快乐的人带回王宫。这位大臣四处寻找了好几年，终于有一天，当他走进一个贫穷的村落时，听到一个快乐的人在放声歌唱。寻着歌声，他找到了正在田间犁地的农夫。

大臣问农夫："你快乐吗？"农夫回答："我没有一天不快乐。"

大臣喜出望外地把自己的使命和意图告诉了农夫。农夫不禁大笑起来，他又说道："我曾因为没有鞋子而沮丧，直到我有一天在街上遇到了一个没脚的人。"

快乐是什么？快乐就是珍惜你现在拥有的一切。快乐就是如此简单。

有人为低工资而懊恼、忧郁，猛然发现邻居大嫂已经下岗失业，于是马上又暗暗庆幸自己还有一份工作可以做，虽然工资低一些，但起码没有下岗失业，心情转眼就好了起来。每个人总是看重自己的痛苦，而对别人的痛苦往往忽略不计。当自己痛苦不堪的时候，要是能够换一个角度来思考，痛苦的程度就会大大减弱。教你一个快乐的办法：当自己兴高采烈的时候，应多向上比，越比越会进步；当自己苦恼郁闷的时候，应多向下比，越比越会开心。人生最可悲的事情不是不知该怎样抉择，而是当你手中牢牢抓住许多东西时，你却不懂得去珍惜。

从前有一个流浪汉，不知进取，每天只知道手上拿着一个碗向人乞讨度日，最后终于有一天，人们发现他潦倒而死。

他死后，只剩下了他天天向人要饭的碗，有人看到了这个碗，觉得有些特别，带回了家里仔细研究才发现，原来流浪汉用来向人乞讨的碗，竟是价值连城的古董。

人往往只知寻求自己手中没有的东西，却忽略了已经属于自己的财富。

我们应该多注意自己手中所捧的那只碗，不要总是眼高手低，一味地羡慕别人，而忘了自己本身原有的价值。

当然，寄希望于未来，如果作为学习和工作上的奋斗目标，期望生活改善，事业有成，这并不错。人应该生活在希望中，以此来促使自己从消沉的情绪中解脱出来，但其实质仍是为了抓住现在的时光去做脚踏实地的努力，而不是回避现实去空想未来多么美好。当那一天真的到来时，却往往是平淡无奇的，不如想象的那么美好。激动一时之后，又会面临新的矛盾和难题。这种把未来理想化的想法是脱离实际的幻想。所以我们应该生活在现时和希望中，而不能生活在对未来的幻想中。如果让未来复未来，可望而不可即的做法成为一种习惯性的循环和固定的生活方式，那就要改变这种病态，打破这种恶性循环，因为它让你放弃了现在。

生命只有一次，每个人在世界上逗留的时间是如此短暂，振作起来、行动起来吧！抓住今天，关闭昨天和明天的大门，珍惜、利用好今天的时光。学会在现时中快乐地生活，该做什么就做什么，一个人就能把可能被毁弃的一天变成有所收益的一天，"现在"永远是行动的时候！

我们每个人都可以做出这样的选择——体现生命的意义和人生效率的选择！

永远不会再有今天的太阳

永远不要把今天可以做的事留到明天做。延宕是偷光阴的贼，抓住他吧！
——狄更斯

"千里之行，始于足下"，"莫等闲，白了少年头，空悲切"，古代圣人和名将都在提醒我们，珍惜时光，把握现在。

古语说得好："不积跬步，无以至千里。"你可能曾经看过某些人在接近人生旅程的尽头时，回顾一生说："如果我能有不同的做法……如果我能在机会降临时，好好利用……"，这些得不到满足的生命，只充塞着数不清的"如果"，他们的生命在真正起步之前就已经结束了。

生命中充满了许多的机会，足以使你功成名就或一蹶不振。是否要主动争取，好好利用机会，就得看你自己的决定了。除非你付诸行动，否则你将注定平庸一生。所以，别再拖延，今天就动手吧！

安格斯读小学的时候，他的外祖母过世了。外祖母生前最疼爱他，安格斯无法排除自己的忧伤，每天在学校操场上一圈又一圈地跑着，跑得累倒在地上，扑在草坪上痛哭。

那哀痛的日子，断断续续地维持了很久，爸爸妈妈也不知道如何安慰他。他们知道与其骗儿子说外祖母睡着了（可那总有一天要醒来），还不如说实话：外祖母永远不会回来了。

"什么是永远不会回来呢？"安格斯问着。

"所有时间里的事物，都永远不会回来，你的昨天过去，它就永远变成昨天，你不能再回到昨天。爸爸以前也和你一样小，现在也不能回到你这么小的童年了；有一天你会长大，你会像外祖母一样老；有一天你度过了你的时间，就永远不能回来了。"爸爸说。

以后，安格斯每天放学回家，在家里的庭院里面看着太阳一寸一寸地沉到地平线以下，就知道一天真的过完了，虽然明天还会有新的太阳，但永远不会有今天的太阳。

好心态成就好人生

时间过得飞快，在安格斯幼小的心灵里不只是着急，还有悲伤。有一天，他放学回家，看到太阳快落山了，就下决心说："我要比太阳更快地回家。"他狂奔回去，站在庭院前喘气的时候，看到太阳还露着半边脸，就高兴地跳跃起来，那一天他觉得自己跑赢了太阳。以后他就时常做那样的游戏，有时和太阳赛跑，有时和西北风比快，有时一个暑假才能完成的作业，他10天就做完了。那时他三年级，常常把五年级的作业拿来做。

每一次比赛胜过时间，安格斯就快乐得不知道怎么形容。

后来的20年里，他因此受益无穷，虽然他知道人永远跑不过时间，但是人可以比自己原来有的时间跑快一步，如果跑得快，有时可以快好几步。那几步很小很小，用途却很大很大。

你的生命就像一部电影。片名是你的名字，导演和主演都是你自己。每一个镜头都是你每天努力、尝试、欢喜、沮丧和成就的记录。每时每刻，这个记录都在进行。为了避免将来遗憾；你应该对今天——人生的每一天都认真对待，不要松懈！

人生百年虽短，却超过许多生物多生多劫的总和；人生百年虽长，却不及日月的刹那之间。所以，在时间概念中，我们更要珍惜的是"现在"。没有现在，过去无法延续；没有现在，未来无以开头。

"现在"这个词对成功有着无穷的妙用。昨天、下星期、以后、将来某一天，这些词或短语的意思和"永远做不到"的意思并没有太大差别。有许多方案被搁浅，计划被撤销，时间被耽误，往往都是在该说"我现在就去做，立即动手"时，却在舌头上拐了个弯，说成"让我考虑考虑，有一天我会去做的"，这句话，使成功的概率大大减小，而失败的概率大大增加。

其实，成功很简单，只要你从现在开始，看到什么事情不如意时，就主动积极地去做好。即便开始时是一个人孤军奋战，只要你构想好、对社会有利，很快就会赢得支持。

你是不是有时会因为害怕嘲讽和批评而裹足不前，不敢向前迈步，其实只要你能干又肯干，主动去做，马上去做，你终究会受到称赞。

所以，想成功，那就现在去做吧，因为以后的生命中永远不会再有今天的太阳！

忍让并不代表懦弱

忍让不是惧怕，它是从豁达中培养出来的美德，凡能成大事者，忍让便是他们通向成功的第一步。

忍让是有尺度分寸的：对小人忍让，能使我们得到一条更为宽广的道路；对朋友忍让，能使我们得到宝贵的信任；对敌人忍让，则是为了寻找彻底战胜他的机会。

忍，就是忍受屈辱；让，就是让出利益。这是人生经常面临的两大难题，这也是智者与庸者间的一条界线。

明代文学家，冯梦龙在其《智囊·对智》卷五中曾经讲了以下的故事：

长洲的尤翁开了一家典当铺子，大年底，听到外面闹哄哄的，出去一看，是一个邻居在吵闹。经手典当的伙计上前向尤翁诉说："他将衣服当了钱，现在空着手来取衣服，反而还骂人，您说天底下哪有这样不讲理的事呢？"

面对尤翁，那个人仍然蛮横无理，尤翁口气和缓地对他说："我知道你的意思，不过是为过新年打算而已。这样的小事情，用得着吵吵闹闹吗？"于是让伙计查查他原先典当的衣服，找出四五件来。尤翁指着棉衣说："要御寒可少不了它。"又指着一件道袍说："这个给你拜年的时候穿，其他几件不是急用，就先留在这里。"那人拿到两件衣服，没说什么话就走了。

当天夜里，他死在另外一个人家，那家人为这件事打了好多年的官司。原来这人因为负债太多，没法偿还，事先已服下毒药，他知道尤翁有钱，可以敲诈，但目的没能达到，就换到另外的一家。

有人问尤翁："你如何能预料到那人的用意而暂且容忍他取闹呢？"尤翁

117

说："凡有人无理取闹，必定是有恃无恐，想要达到某种目的。如果在小事上不能容忍，那么大的灾祸就会立即随之而来了。"人们都佩服尤翁的见识。

忍小恶而消大祸，尤翁的故事所给予我们的启示是平淡中见深刻。从相当意义上来讲，这里的"忍"已不仅仅是局限于修身养性的范围，而且包含了较高层次的处事智慧。

尤翁的忍是对顽嚣之忍，对那些蠢而顽固、奸诈不忠之人的忍。

■ 百忍成金

一个人的胸怀能容得下多少人，才能赢得多少人。

——一凡

中国人做人向来提倡"以忍为上"、"吃亏是福"，这是一种玄妙高深的处世哲学。常言道：识时务者为俊杰，并非专指那些纵横驰骋如入无人之境，冲锋陷阵无坚不摧的英雄，而应是那些看准时局，能屈能伸的处世者。

汉初，张良原本是一个落魄贵族，后来作为汉高祖刘邦的重要谋士，运筹帷幄之中，辅佐高祖平定天下，因功被封为留侯，与萧何、韩信一起称为汉初"三杰"。

张良年少时因谋刺秦始皇未遂，被迫流落到下邳。一日，他到沂水桥上散步，遇一穿着短袍的老翁，近前故意把鞋摔到桥下，然后傲慢差使张良说："小子，下去给我捡鞋！"面对那人的侮辱，张良愕然，不禁心中有些不平，但碍于长者之故，不忍下手，只好违心地下去取鞋。老人又命其给他穿上。心怀大志的张良，对此带有侮辱性的举动，居然强忍不满，膝跪于前，小心翼翼地帮老人穿好鞋。老人非但不谢，反而仰面长笑而去。张良呆视良久惊讶无语，不久老人又折返回来，赞叹说："孺子可教也！"遂约其5天后凌晨在此再次相会。张良迷惑不解，但反应仍然相当迅捷，跪地应诺。

5天后，鸡鸣之时，张良便急匆匆赶到桥上。不料老人已先到，并斥责他："为什么迟到，再过5天早点来。"第二次，张良半夜就去桥上等候。他的真诚和隐忍博得了老人的赞赏，这才送给他一本书，说："读此书则可为王者师，10年后天下大乱，你用此书兴邦立国；13年后再来见我。我是济北毂城山下的黄石公。"说罢扬长而去。

张良惊喜异常，天亮看书，乃《太公兵法》。从此，张良日夜诵读，刻苦钻研兵法，俯仰天下大事，终于成为一个深明韬略，文武兼备，足智多谋的"智囊"。

现实生活是复杂的，很多人都会碰到不尽如人意的事情。残酷的现实需要你对人俯首听命，这样的时候，你一定要谨慎面对。要知道，敢于碰硬，不失为一种壮举。可是，当敌人足够强大时你的强硬无异于以卵击石。一定要拿着鸡蛋去与石头斗狠，只能算作是无谓的牺牲。

这样的时候，就需要用另一种方法来迎接生活。

古人说："小不忍则乱大谋。"坚韧的忍耐精神是一个人意志坚定的表现，更是一个人处世谋略的体现。尤其在生活中难得事事如意，丢失面子是常有的事，学会忍耐，婉转退却，才可以获得无穷的益处。人际交往中，如果我们能舍弃某些蝇头微利，也将有助于塑造良好的自我形象，获得他人的好感，为自己赢得更多的利益和影响力。凡事有所失必有所得，若欲取之，必先予之。有识之士不妨谨记：百忍成金，遇事忍字当先必能给自己争得个意想不到的收获。

忍耐小事，以图大谋

能忍人之所不能忍，乃能为人之所不能为。

——胡林翼

在机智做事的过程中，"忍"是很重要的一个字，因为在任何时间、任何场合，都会有不如意的问题存在。

有些问题很容易解决，有些问题不是自己能力所能解决。这个时候你只能忍！

古有名言：忍者为胜。不能忍的人虽可以暂时减轻心理的压力，但终究会自毁前程，失去长远的利益。

如果你是刚刚跳槽到一个薪水很高的单位的员工，但不久就发现，老板是个脾气暴躁、为人粗鲁的人，下属稍有过失便大发雷霆，出言不逊，严重刺伤人的自尊心。

当有一天，这种祸事降临到你头上了。这时候，你该怎么办？你要做的，

不是争辩，不是离开，而是忍，只有忍耐小事，才能做成大事。

很多人梦想找到一份十全十美的工作，老板又好，薪水又高，但这样的美梦并不是每个人都能实现的。

如果老板真是个脾气暴躁、为人粗鲁的人，这也未尝不是件好事，因为它也给了你一个表现自己宽容、大度风范的好机会。

另外，就算他不分青红皂白就出言不逊，你也要把这当成鞭策自己上进的动力，对待工作一丝不苟、精益求精，从不出现任何闪失，久而久之，他对你的态度就会改观。

当然，一直纵容他的恶语伤人也不是长久之策，一定得想出个出奇制胜的方法来化解老板的怨气。

比如，你可以和另一位同事协商好做搭档，找一个适当的时机，假装和你的同事在工作中发生了意见分歧，然后，你把自己老板平时最爱用于挖苦人的话和盘托出，再让你的同事以"不问是非、恶语伤人、影响团结"等等为由逐一反驳。

此时，也许你的老板会从旁观者的角度获得一些启发！

每个人的性格都是不一样的，遇到一个脾气暴躁的老板也不要抱怨。

要时刻记住：小不忍则乱大谋。

在中国历史上最有名的忍的例子就是韩信忍恶少胯下之辱。那时韩信潦倒落魄，无心与恶少争，只好忍辱爬过恶少胯下。这就是有名的"胯下之辱"的典故。

但后来，恶少还是恶少，而韩信却成了历史上的名人。可见，忍让并不是懦弱，而只是一种处世的谋略。

当然，每个人遇到的状况都不一样，因此什么事该忍，什么事不该忍，并没有一定的标准，我们只能说——为形势所迫时，就要忍！

所谓形势所迫就是客观环境对你不利，譬如在公司里受到当权者的羞辱、排挤；对目前工作环境不满意，可是又没有更好的工作机会；自己做个小生意，却受到客户的羞辱；想创业，资本却不够；失意潦倒，有人鼓励你从事非法工作……

当形势所迫时，你是很难施展的，仿佛困兽一般。有些人碰到这种情形，常会顺着情绪来处理。像被羞辱了，干脆就和他们吵一架；被老板骂了，干脆就拍他桌子，然后自动走人！

不能绝对地说这么做就毁了你一生，但如果你真的这么做了，会在某种程度上中断你的事业，历史上和今天，不能忍的人得福的的确不多，大部分人都不甚如意，总是要到了中年，才会感叹地说："那时年轻气盛啊！"

其中的关键倒也不在于这种不能忍的人命运不好，而是不能忍的人走到哪里都不能忍，他们不仅不能忍气、忍苦、忍怨，还总是要发作、要逃避、要抗拒，所以常常形势还没好转，他就垮了。

所以，当你碰到困境和难题时，想想你的远大目标吧！为了理想一切都可以忍！千万别为了一时的痛快而让你的怒火岩浆般地喷涌。

人的一生中会遇到很多问题，如果你能忍第一个问题，你便学会了控制你的情绪和心态，第二、第三、第几个问题，你自然也能忍，到最后等到时机成熟再把问题解决，这样才能成就大事业！

从今天开始，练习你的忍术吧，因为生命有限，而你还有一大段路要走。

■ 越能忍耐者，越能抓住大机会

无论你怎样表示愤怒，都不要做出任何无法挽回的事实。

——培根

怀才不遇是常见的事情。也许是由于自己的才华没有被人发现，所以也就不可能被启用；也许是虽然胸怀大志，满腹文韬武略，但是生不逢时，像姜尚那样，不愿意把自己的聪明才智用在助纣为虐上，而要审时度势，择主而事。无论是什么原因，只要你怀才不遇，你就要忍受一时的贫穷、困苦，忍受自己一时的不得志，而不能为了眼前的功名利益放弃自己的原则和追求。真正能够忍耐的人，即使是平生不得志，也会廉洁自守，刚正不阿，不会依附权贵，更不会与奸人同流合污。他们不怕挫败，也不畏惧别人的嘲讽，矢志不渝地向着既定奋斗目标前进，他们能忍受一切不公正的待遇，忍受别人无法忍受的精神折磨和肉体创伤，等待时机。

要想成大事我们在时机不对、机遇不佳的时候，就要沉住气，耐住性子，慢慢去寻找一个适于自己发展的环境，切不可操之过急。

王猛慧眼识君，他不是见一个君主便要委身于他，而是经过耐心的分析，选择一个适合自己的君主，这也是怀才不遇之忍的一个重要方面。

王猛本来是汉族的才子，他出生在青州北海郡，年幼时因战争动乱，他随双亲逃到了魏郡。而苻坚是氐族在长安建立秦之后的一位君王。当时，汉族人的东晋政权还依然存在，王猛为什么要投奔到氐族苻坚的旗下去呢？

这是因为王猛对自己人生道路，作了极为认真的选择。他心里明白：一个人再有才能，如果没有一个聪明能干的君主，其才能是无法发挥出来的。而正确地选择自己的君主，本身就是一个人才能和智慧的体现。

好心态成就好人生

王猛年轻时，曾经到过后赵的都城——邺城，这里的达官贵人没有一个瞧得起他，唯独有一个叫徐统的，见了他以后非常惊奇，认为他是一个了不起的人物。于是，徐统便召请他为功曹，可王猛不仅不答应徐统的召请，反而逃到西岳华山隐居起来。因为他认为自己的才能不应该干功曹之类的事，而是帮助一国的君王干大事的，所以他暂时隐居山中，看看社会风云的变化，等候时机的到来。

公元351年，氐族的苻健在长安建立前秦王朝，力量日渐强大。公元354年，东晋的大将军桓温带兵北伐，击败了苻健的军队，把部队驻扎在灞上。王猛身穿麻短衣，径直到桓温的大堂求见。桓温请他谈谈对当时社会局势的看法。王猛在大庭广众之中，一边把手伸到衣襟里面去捉虱子，一边纵谈天下大事，滔滔不绝，旁若无人。

桓温见此情景，心中暗暗称奇。他问王猛说："我遵照皇帝的命令，率领10万精兵凭着正义来讨伐逆贼，为老百姓除害，可是，关中豪杰却没有人到我这里来效劳，这是什么缘故呢？"王猛直言不讳地回答："您不远千里来讨伐敌寇，长安城近在眼前，而您却不渡过灞水去把它拿下来，大家摸不透您的心思，所以不来。"桓温沉默了好久都没有回答，因为王猛的话正暗暗地击中了他的要害。他的心思实际上是：自己平定了关中，只得个虚名，而地盘却归于朝廷，与其消耗实力，为他人作嫁衣，还不如拥兵自重，为自己将来夺取朝廷大权保存力量。

桓温听了王猛的话，更加认识到面前这位穷书生非同凡响。过了好半天，他才抬起头来，慢慢地说道："江东没有人能比得上你。"

后来，桓温退兵了，临行前，他送给王猛高级别的车子和优等马匹，又授予王猛高级官职"都护"，请王猛一起南下。王猛到华山征求师傅的意见后，拒绝了桓温的邀请，继续隐居华山。

王猛这次拜见桓温，本来是想出山显露才华，干一番事业的，但最后还是打消了这个念头。

因为他考察桓温和分析东晋的形势之后，认为桓温不忠于朝廷，怀有篡权野心，未必能够成功，自己投奔到桓温的手下，很难有所作为。这是第二次拒绝人的邀请和提拔。

桓温退走的第二年，前秦的苻健去世。继位的是中国历史上有名的暴君苻生。他昏庸残暴，杀人如麻。苻健的侄儿苻坚想除掉这个暴君，于是广招贤才，以壮大自己的实力。他听说王猛不错，就派当时的尚书吕婆楼去请王猛出山。

苻坚与王猛一见面就像知心的老朋友一样，他们谈论天下大事，双方意见不谋而合。苻坚觉得自己遇到王猛好像三国时刘备遇到了诸葛亮；王猛觉得眼前的苻坚才是值得自己一生效力的对象。于是，他十分乐意地留在苻坚的身边，积极为他出谋划策。

公元 357 年，苻坚一举消灭了暴君苻生，自己做了前秦的君主，而王猛成了中书侍郎，掌管国家机密，参与朝廷大事。王猛 36 岁时，因为才能突出，精明能干，一年之中，连升了 5 级，成了前秦的尚书左仆射辅国将军、司隶校尉，为苻坚治理天下出谋划策，干出了一番轰轰烈烈的大事业，成为中国封建社会杰出的政治家。

古人说："良禽择木而栖，良士择主而事。"历史上多少有才能的人由于投错了主人而遗恨终生。王猛同诸葛亮一样在动荡不安的形势下，忍住对虚名的追求，正确选择了自己的道路，所以才有他们事业的成功，才有他们一生的辉煌。他们忍住一般人求遇心切，急于求取功名富贵之心，认定了真正的人选，才投身仕途，这是他们获得成功的重要经验，也告诉我们在日常工作中，应该具有一颗隐忍之心，不要急于一时，要审时度势尽力去选择一个你认为合适的工作，这样你事业才能顺利发展。

■ 以忍求尊

推倒一世豪杰，开拓万古胸襟。

——李白

忍耐不仅是一种心灵的状态，更是一种智慧。狼族因为有一种忍耐的、战斗的心态，所以永远保持旺盛的精力。忍在很大程度上不是忍气吞声，息事宁人，而是为了达到人生中的某种目的，避免感情用事的一种思想方法。为此，忍其实是一种人生智慧的力量。很多时候因为小地方忍不住，而害了大事，这就非常不值得了。

三国时的诸葛亮辅佐刘备，立志要收复中原。他多次出兵祁山，攻打司马懿。但是司马懿总是不肯出来和诸葛亮对打。诸葛亮用尽了一切手段来羞辱司马懿，但是司马懿对诸葛亮的羞辱总是置之不理，总之，就是不肯出来和诸葛亮打仗。每次都是等到诸葛亮的粮食吃完了，蜀军自然就退兵回蜀国，战争就结束了。诸葛亮六次兵出祁山，每次都是无功而返，后来连唐朝的大诗人杜甫也为他惋惜说："出师未捷身先死，长使英雄泪满襟。"司马懿因为能够忍，所以在国家大计上，没有被一代儒将诸葛亮打败。从某种意义上说，忍让是保全人生的一种谋略。忍让是一种弹性前进策略，就像战争中的防御和后退有时恰恰是赢取胜利的一种必要准备。

忍让不是一个抽象的概念，而是内涵丰富的一种谋略，忍让不是消极沉默，而起蓄势待发。忍让实质上是一种动态的平衡，当量积累到一定的时候必然会发生质的转换。忍让是意志的磨炼、爆发力的积蓄，忍让是无奈时的智慧选择，是暴风雨中明丽彩虹的酝酿，重要的是我们要耐得住寂寞、失落甚至屈辱和辛苦，等待和把握好进攻的最佳时机。

事物总是在不断地运动和变化，机会存在于忍让之中，对于垂钓者来说，最好的进攻方式就是忍让。大机会往往蕴藏在大忍让之中，所谓"天将降大任于斯人也，必先苦其心志，劳其筋骨，饿其体肤……"就是这个道理。大丈夫志在四方，岂可为鸡毛蒜皮的小事而乱了阵脚！春秋末期最后一个霸主越王勾践卧薪尝胆的故事也正好诠释了忍让保全人生的要义。忍让不是停止、不是逃避、不是无为，而是守弱、蓄积、迂回前进。当命运陷入无可掌控之时，就要心平气和地接纳这种弱势，坚强地忍住弱者的地位，在守弱的基础上累积实力，一点点发愤图强，使自己慢慢脱离弱者的不利地位，适时出击，争取赢得新的成功机会。懂得忍让有利于成就事业，意气用事只会错失成功良机。面对别人恶意侮辱和伤害，我们没必要以一种对抗的方式来证明自己并非软弱可欺，因为路遥知马力，日久见真功，有效地忍让，会使我们获得更多的收益。忍让是用无意的奋斗冲破罗网，用无形的烈焰融化坚冰。在忍让中拼搏。在忍让中锲而不舍地追求，在忍让中更深刻地感悟人生。"天才，无非是长久的忍耐！努力吧！"莫泊桑实践了福楼拜的这句赠言，最终成为世界文坛的一颗引人注目的明星。

忍让是一种智慧，更是一种修养，既可以体现出人性的宽容，又可以反映一个人的气量。

忍让有时候很难界定，有时候，忍与不忍仅仅是一瞬间的选择。

每个人都有自己的生活方式和行事原则，而忍让则是为人处世的一种学问。同一种情况，我们适度地忍让，就有可能受到人们的称道，我们克制不住而不忍，就有可能受到人们的指责。

忍让是一种痛苦的磨炼，由于历经炼狱般的折磨而使自己铭刻于心。越王勾践的卧薪尝胆、孙膑被剜骨后的装疯卖傻，他们的忍让是为了厚积而薄发。

忍让受到时间、场合、自身修养和人为因素的影响，忍让程度只有依靠个人把握。学会忍让，我们就懂得宽容；学会忍让，我们就懂得了尊重；学会忍让，我们就理解奋斗的意义；学会忍让，我们就能获得成功！

换个角度看问题

　　法国雕塑家罗丹说过："我们的生活里不是缺少美，而是缺少发现。"生活里有着许许多多美好的事物，许许多多的快乐，关键在于我们能不能发现。而要发现它，关键在自己。

　　有一个人，日子过得烦闷而无趣，他要去找那些快乐的人，问问快乐的秘诀。他想，国王尊贵而富足，一定快乐。他见到了国王，国王却说："我一天要面对那么多要处理的事，我还要时时操心王位是否牢固，我晚上觉都睡不安稳，哪有快乐可言？"他又想，流浪汉一天无忧无虑的，一定快乐。但流浪汉却说，"我连今天晚上到哪儿睡觉都没着落，我哪会快乐？"这个人搞不懂了：世界上真没有快乐的人了吗？我上哪里能找到快乐的秘诀？这时一个老者告诉他，国王也可以快乐，只要他不被权力和金钱迷住了心灵；流浪汉也可以快乐，只要他不被贫困压倒。

　　快乐不快乐，在于你自己，关键是你从什么角度看待问题。

■ 掬水月在手

　　悲观是瘟疫，乐观是甘霖；悲观是一种毁灭，乐观是一种拯救。

——汪国真

　　有一句禅语叫"掬水月在手"。苍天的月亮太高，凡人的力量难以企及，但是开启智慧，掬一捧水，月亮美丽的脸就会笑在掌心。

好心态成就好人生

关键是人在极度的困境中，是否奋力一搏，是否能有破釜沉舟的那一下？

遗憾的是，很多时候，我们的精神先于我们的身躯垮下去了。有这样一个古代的寓言：一个人经过两山对峙间的木桥，突然，桥断了，奇怪的是，他没有跌下，而是停在半空中。脚下是深渊，是湍急的涧水。他抬起头，一架天梯荡在云端。望上去，天梯遥不可及。倘若落在悬崖边，他绝对会乱抓一气的，哪怕抓到一根救命小草。可是这种境地，他彻底绝望了，吓瘫了，抱头等死。渐渐地，天梯缩回云中，不见了踪影。云中的声音说，这叫障眼法，其实你踮起脚尖儿就可以够到天梯，是你自己放弃了求生的愿望，那么只好下地狱了。

踮起脚尖儿，就是另一条生命，另一种活法，另一番境界。

人在任何时候都不应该放弃信念和希望，信念和希望是生命的维系。只要一息尚存，就要追求，就要奋斗。其实，大自然始终在启迪着人们——在春花秋叶舞蹈般潇洒的飘落里，蕴含着信念和希望；巨大岩石的裂缝中钻出的小草，昭示着信念和希望；不断被山风修改着形象的悬崖边的苍松和手心水中的明月无不向我们展示着信念和希望。朋友，在任何时候，无论处在什么样的境遇，请不要放弃希望和信念，如果你的心灵已太久不曾有过渴望的涌动，请你轻轻地将它激活，让它焕发健康的亮色，下面，我们一起看一下关于信念的故事。

> 一场突然而至的沙尘暴，让一位独自穿行大漠者迷失了方向，更可怕的是连装干粮和水的背包都不见了。翻遍所有的衣袋，他只找到一个泛青的苹果。
>
> "哦，我还有一个苹果。"他惊喜地喊道。
>
> 他攥着那个苹果，深一脚浅一脚地在大漠里寻找着出路。整整一个昼夜过去了，他仍未走出空阔的大漠。饥饿、干渴、疲惫，一齐涌上来。望着茫茫无际的沙海，有好几次他都觉得自己快要支撑不住了，可是看一眼手里的苹果，他抿抿干裂的嘴唇，陡然又添了些许力量。
>
> 顶着炎炎烈日，他又继续艰难地跋涉。三天以后，他终于走出了大漠。那个他始终未曾咬过的青苹果，已干巴得不成样子，他还宝贝似的攥在手中，久久地凝视着。

在人生的旅途中，我们常常会遭遇各种挫折和失败，会身陷某些意想不到的困境。这时，不要轻易地说自己什么都没了，其实只要心灵不熄灭信念的圣火，努力地去寻找，总会找到能渡过难关的那"一个苹果"。攥紧信念的"苹果"，就没有穿不过的风雨、涉不过的险途。

所以，无论面对怎样的环境，面对再大的困难，都不能放弃自己的信念，放弃对生活的热爱。因为很多时候，打败自己的不是外部环境，而是你自己本身。

肥皂沫里看到彩虹

当生活像一首歌那样轻快流畅时，笑颜常开万事易；而在一切事都不妙时仍能微笑的人，才活得有价值。

——威尔科克斯

生活的美与丑，全在我们自己怎么看，如果你将心中的丑陋和阴暗面彻底放下，然后选择一种积极的心态，懂得用心去体会生活，就会发现，生活处处都美丽动人。

一个对生活极度厌倦的绝望少女，她打算以投湖的方式自杀。在湖边她遇到了一位正在写生的画家，画家专心致志地画着一幅画。少女厌恶极了，她鄙薄地睨了画家一眼，心想：幼稚，那鬼一样狰狞的山有什么好画的！那坟场一样荒废的湖有什么好画的！

画家似乎注意到了少女的存在和情绪。他依然专心致志神情怡然地画，一会儿，他说：姑娘，来看看画吧。

她走过去，傲慢地睨视着画家和画家手里的画。

少女被吸引了，竟然将自杀的事忘得一干二净，她真是没发现过世界上还有那样美丽的画面——他将"坟场一样"的湖面画成了天上的宫殿，将"鬼一样狰狞"的山画成了美丽的、长着翅膀的女人，最后将这幅画命名为"生活"。

少女的身体在变轻，在飘浮，她感到自己就是那袅袅婀娜的云……

良久，画家突然挥笔在这幅美丽的画上点了一些凌乱的黑点，似污泥，又像蚊蝇。少女惊喜地说：星辰和花瓣！

画家满意地笑了："是啊，美丽的生活是需要我们自己用心发现的呀！"

《我希望能看见》一书的作者碧姬儿·戴尔是一个几乎瞎了50年之久的女人，她写道："我只有一只眼睛，而眼睛上还满是疤痕，只能透过眼睛左边的一个小洞去看。看书的时候必须把书本拿得很贴近脸，而且不得不把我那一只眼睛尽量往左边斜过去。"可是她拒绝接受别人的怜悯，不愿意别人认为她"异于常人"。小时候，她想和其他的小孩子一起玩跳房子，可是她看不见地上所画的线，所以在其他的孩子都回家以后，她就趴在地上，把眼睛贴在线上瞄过去瞄过来。她把她的朋友所玩的那块地方的每一点都牢记在心，不久就成为玩游戏的好手了。她在家里看书，把印着大字的书靠近她的脸，近到眼睫毛都碰到书本上。她得到两个学位：先在明尼苏达州立大学得到学士学位，再在哥伦比亚大学得到硕士学位。

她开始教书的时候，是在明尼苏达州双谷的一个小村里，然后渐渐升到南德可塔州奥格塔那学院的新闻学和文学教授。她在那里教了 13 年，也在很多妇女俱乐部发表演说，还在电台主持谈书和作者的节目。她写道："在我的脑海深处，常常怀着一种怕完全失明的恐惧，为了克服这种恐惧，我对生活采取了一种很快活而近乎戏谑的态度。"

然而在她 52 岁的时候，一个奇迹发生了。她在著名的梅育诊所施行了一次手术，使她的视力提高了 40 倍。一个全新的、令人兴奋的、可爱的世界展现在她的眼前。

她发现，即使是在厨房水槽前洗碟子，也让她觉得非常开心。她写道："我开始玩着洗碗盆里的肥皂沫，我把手伸进去，抓起一大把肥皂泡沫，我把它们迎着光举起来。在每一个肥皂泡沫里，我都能看到一道小小彩虹闪出来的明亮色彩。"

当我们去审视和叩问自己的心灵，能否会像碧姬儿·戴尔那样在肥皂泡沫中看到彩虹？生活中的阴云和不测不知会使多少人活在自怨自艾的边缘，许多人早已习惯了用抱怨和悲伤去迎接生命的各种遭遇，由于自身内心世界的阴晦，使得原本明朗的生活变得泥泞而毫无希望。

想想像碧姬儿·戴尔这样的人吧！也许我们可以在她们身上学到点什么。用心去感受你眼中的可爱世界吧，阳光下洗碗盆的肥皂沫都是五彩缤纷的。

重新解释事情

乐观的人先战胜自己，然后才战胜生活。

——汪国真

尤利乌斯是一个画家，而且是一个很不错的画家。他画快乐的世界，因为他自己就是一个快乐的人。不过没人买他的画，因此他想起来会有点伤感，但只是一会儿。

"玩玩足球彩票吧！"他的朋友们劝他，"只花两马克便可赢很多钱！"

于是尤利乌斯花两马克买了一张彩票，并真的中了彩！他赚了50万马克。

"你瞧！"他的朋友都对他说，"你多走运啊！现在你还经常画画吗？"

"我现在就只画支票上的数字！"尤利乌斯笑道。

尤利乌斯买了一幢别墅并对它进行一番装饰。他很有品位，买了许多好东西：阿富汗地毯、维也纳框橱、佛罗伦萨小桌、迈森瓷器，还有古老的威尼斯吊灯。

尤利乌斯很满足地坐下来，他点燃一支香烟静静地享受他的幸福。突然他感到好孤单，便想去看看朋友。他把烟往地上一扔，在原来那个石头做的画室里他经常这么做，然后他就出去了。

燃烧着的香烟躺在地上，躺在华丽的阿富汗地毯上……一个小时以后别墅变成一片火的海洋，它完全烧没了。

朋友们很快就知道这个消息，他们都来安慰尤利乌斯。

"尤利乌斯，真是不幸呀！"他们说。

"怎么不幸了？"他问。

"损失呀！尤利乌斯，你现在什么都没有了。"

"什么呀？不过是损失了两个马克。"

事情本身是中性的，人对事情的看法是有极性的。事情就是事情，没有好坏之分，是人给事情定义了好坏。没有钱未必是坏事情，有钱未必是好事情。人生达观一些会不一样。

有位秀才第三次进京赶考，住在一个经常住的店里。考试前两天他做了三个梦，第一个梦是梦到自己在墙上种白菜；第二个梦是下雨天，他戴了斗笠还打伞；第三个梦是梦到跟心爱的表妹脱光了衣服躺在一起，但是背靠着背。

这三个梦似乎有些深意，秀才第二天就赶紧去找算命的解梦。算命的一听，连拍大腿说："你还是回家吧。你想想，高墙上种菜不是白费劲吗？戴斗笠打雨伞不是多此一举吗？跟表妹都脱光了躺在一张床上了，却背靠背，不是没戏吗？"

秀才一听，心灰意冷，回店收拾包袱准备回家。店老板非常奇怪，问："不是明天才考试吗？今天你怎么就回乡了？"秀才如此这般说了一番，店老板乐了："哟，我也会解梦的。我倒觉得，你这次一定要留下来。你想想，墙上种菜不是高中吗？戴斗笠打伞不是说明你这次有备无患吗？跟你表妹脱光了背靠背躺在床上，不是说明你翻身的时候就要到了吗？"

秀才一听，觉得更有道理，于是精神振奋地参加考试，居然中了。

另外，还有一个小故事讲到，两个秀才去赶考，路上遇到一口棺材。一个想：今年的赶考又完蛋了，遇到棺材多不吉祥。另外一个想：今年我时来运转了，路上遇到棺材，棺材棺材升官发财。整个考试过程中，两个人的头脑都在运转着棺材的事情。考试结束后，两个秀才都对自己的太太说："那口棺材真灵。"

这两个故事再一次告诉我们：一个人因为发生的事情所受到的伤害，不如他对事情的看法对自己的伤害更深。

著名哲理散文家周国平写过一个寓言，说一个少妇去投河自尽，被正在河中划船的老艄公救上了船。

艄公问："你年纪轻轻的，为何寻短见？"

少妇哭诉道："我结婚两年，丈夫就遗弃了我，接着孩子又不幸病死。你说，我活着还有什么乐趣？"

艄公又问："两年前你是怎么过的？"

少妇说："那时候我自由自在，无忧无虑。"

"那时你有丈夫和孩子吗？"

"没有。"

"那么，你不过是被命运之船送回到了两年前，现在你又自由自在，无忧无虑了。"

少妇听了艄公的话，心里顿时敞亮了，便告别艄公，高高兴兴地跳上了对岸。

事情本身并不重要，重要的是人对事情的看法。一个人当他改变对事物的看法，事物和其他人对他来说就会发生改变。如果一个人把他的思想指向光明，就会很吃惊地发现，他的生活在变得光明。

换种方式突破自己

人生的意志和劳动将创造奇迹般的事业。

——涅克拉索夫

有一条河流从遥远的高山上流下来，经过了很多个村庄与森林，最后它来到了一个沙漠。它想："我已经越过了重重的障碍，这次应该也可以越过这个沙漠吧！"当它决定越过这个沙漠的时候，它发现它的河水渐渐消失在泥沙当中，它试了一次又一次，总是徒劳无功，于是它灰心了："也许这就是我的命运了，我永远也到不了传说中那个浩瀚的大海。"它颓丧地自言自语。

这时候，四周响起了一阵低沉的声音："如果微风可以跨越沙漠，那么河流也可以。"原来这是沙漠发出的声音。

小河流很不服气地回答说："那是因为微风可以飞过沙漠，可是我却不行。"

"因为你坚持你原来的样子，所以你永远无法跨越这个沙漠。你必须让微风带着你飞过这个沙漠，到你的目的地。你只要愿意放弃你现在的样子，让自己蒸发到微风中。"沙漠用它低沉的声音这么说。

小河流从来不知道有这样的事情，"放弃我现在的样子，然后消失在微风中？不！不！"小河流无法接受这样的概念，毕竟它从未有这样的经验，叫它放弃自己现在的样子，那么不等于是自我毁灭了吗？"我怎么知道这是真的？"小河流这么问。

"微风可以把水气包含在它之中，然后飘过沙漠，到了适当的地点，它就把这些水气释放出来，于是就变成了雨水。然后这些雨水又会形成河流，继续向前进。"沙漠很有耐心地回答。

"那我还是原来的河流吗？"小河流问。

"可以说是，也可以说不是。"沙漠回答，"不管你是一条河流或是看不见的水蒸气，你内在的本质从来没有改变？你坚持你是一条河流，因为你从来不知道自己内在的本质。"

此时小河流的心中，隐隐约约地想起了似乎自己在变成河流之前，似乎也是由微风带着自己，飞到内陆某座高山的半山腰，然后变成雨水落下，才变成今日的河流。于是小河流终于鼓起勇气，投入微风张开的双臂，消失在微风之中，让微风带着它，奔向它生命中（某个阶段）的归宿。

我们的生命历程往往也像小河流一样，想要跨越生命中的障碍，达成某种程度的突破，往理想中的目标迈进，也需要有"放下自我（执着）"的智能与勇气，去迈向未知的领域。当环境无法改变的时候，你不妨试着改变自己。

紫博拉是一位精力充沛、热爱冒险的女性，但她可不是一开始就是这个样子。她是经过一个自我认定的转变才成为现在这个样子的。

从小时候起，她就一直是个胆小鬼，不敢做任何运动，凡是可能受伤的活动他一概不碰。

在参加过几次发挥潜能的研讨会后，她有了一些新的运动经验（潜水、赤足过火和高空跳伞），从而知道自己事实上可以做到一些事，只要有一些压力即可。虽然她是这么想的，可是这些体验还不足以使她形成有力的信念，改变她先前的自我认定，顶多她自认为是个"有勇气高空跳伞的胆小鬼"。依她的说法，当时转变还没发生，可是她有所不知，事实上转变已经开始。她说其他的人都很羡慕她那些表现，告诉她："我真希望也能有你那样的胆子，敢尝试这么多的冒险活动。"一开始，她对大家夸奖的话的确很高兴，听多了之后她便不得不质疑起来，是不是我以前错估了自己。

随后，紫博拉开始把痛苦跟胆小鬼的想法连在一块儿，因为她知道胆小鬼的信念使自己设限，从而她决心不再把自己想成是个胆小鬼。事情并不是这么说说便完了，事实上她的内心有很强烈的争战，一方是她那些朋友对她的看法，一方是她对自己的认定，两方并不相符。

后来又有一次要高空跳伞，她把它当成是改变自我认定的机会，要从"我可能"变成"我能够"，而让想冒险的企图从而扩大为敢于冒险的信念。

当飞机攀升到1.25万英尺的高空时，紫博拉望着那些没什么跳伞经验的队友，多数人都极力压抑着内心的恐惧，但故意装作兴致很高的样子。她告诉自己："他们现在的样子正是过去的我，而此刻我已不属于他们那一群，今天我可要好好地玩一玩。"她运用了他们的恐惧，来强化出她希望变成的新角色，她心里说道："那就是我过去的反应。"随之，她很惊讶地发现自己刚刚已历经了重大的转变，她不再是个胆小鬼，而成为一个敢冒险、有能力、正要去享受人生的女性。

她是第一位跳出飞机的队员。下降时，她一路兴奋地高声狂呼，似乎这辈子就从没有过这么有活力和兴奋。她之所以能够跨出自我设限的那一步，主要的原因就在于，她一下子采取了新的自我认定，从而自心底想好好表现，以作为其他跳伞者的好榜样。

紫博拉的转变很完全，因为新的体验使她能一步步淡化掉旧的自我认定，从而做出决定，要去拓展更大的可能。

当我们换了个自我认定，很可能就此超过了过去所贴在身上的一切标签，这样。我们就会发现一个完全不同的我。

■ 快乐由你做主

即使到了我生命的最后一天，我也要像太阳一样，总是面对事物光明的一面。

——胡德

有一位遭受癌症折磨的女青年，曾写下诗句：

你改变不了环境，但你可以改变自己；

你改变不了事实，但你可以改变态度；

你改变不了过去，但你可以改变现在；

你不能控制他人，但你可以掌握自己；

你不能预知明天，但你可以把握今天；

你不能样样顺利，但你可以事事尽心；

你不能延伸生命的长度，但你可以决定生命的宽度；

你不能左右天气，但你可以改变心情；

你不能选择容貌，但你可以展现笑容。

正是这种对生活的认识，使她能坦然地应对死神的威胁，认真而快乐地生活。

好心态成就好人生

再让我们看看明人陆绍珩的话:辛勤耕作的田园生活,是有真正的快乐的,但你如果没有潇洒的态度,你就会成为苦不堪言的忙人。读书学习是有真正的乐趣的,但你如果不懂得玩味,你就会成为视它为无趣的粗俗之人。一山一水都有可以赏玩的情趣,但你如果不会领会,你也就只能辜负它的妙处而瞎玩。吟咏诗歌可以有真正的心得,但你如果不能体会理解,就只会把它看作是无聊的套话。

可见,生活得快乐不快乐,全在自己对生活的态度和理解。

清朝人金圣叹是一个对生活永远持乐观态度的人,他潇洒达观,十分懂得玩味和领会生活的乐趣。有一次他和一位朋友共住,屋外下了10天雨,对坐无聊,他便和朋友一件件地说日常生活中的乐事,一共列出了30多件"不亦快哉"的事。

比如:夏七月,天气闷热难当,汗出遍身。正不知如何时,雷雨大作,身汗顿收,地燥如扫,苍蝇尽去,饭便得吃——不亦快哉!

独坐屋中,正为鼠害而恼,忽见一猫,疾趋如风,除去了老鼠——不亦快哉!

上街见两个酸秀才争吵,又满口"之乎者也",让人烦恼。这时来一壮夫,振威一喝,争吵立刻化解——不亦快哉!

饭后无事,翻检破箱,发现一堆别人写下的借条。想想这些人或存或亡,但总之是不会再还了。于是找个地方,一把烧了,仰看高天,万里无云——不亦快哉!

夏天早起,看人在松棚下锯大竹作为筒用——不亦快哉!

冬夜饮酒,觉得天转冷,推窗一看,雪大如手,已积了三四寸厚——不亦快哉!

推纸窗放蜂出去——不亦快哉!

还债毕——不亦快哉!

读唐人传奇《虬髯客传》(一部侠客小说)——不亦快哉!……

在金圣叹眼里,平凡的生活处处充满着快乐。这恰好印证了牛顿的一句话:"愉快的生活是由愉快的思想造成的,愉快的思想又是由乐观的个性产生的。"

乐观的人就是这样看待生活和问题的,他们总向前看,他们相信自己,相信自己能主宰一切,包括快乐和痛苦。

的确，你自己不但可以创造财富，而且你自己还是这些财富的指导者。生活是你自己的一切，选择快乐还是痛苦都在你自己。想要赢得人生，却总把目光停留在那些消极的东西上，那只会使你沮丧、自卑，徒增烦恼，还会影响你的身心健康。结果，你的人生就可能被失败的阴影遮蔽去它本该有的光辉。

陆绍珩还说过，一个人生活在世上，要敢于"放开眼"，而不是向人间"浪皱眉"。

"放开眼"和"浪皱眉"就是对人生两面的选择。你选择正面，你就能乐观自信地舒展眉头，面对一切。你选择背面，你就只能是眉头紧锁，郁郁寡欢，最终成为人生的失败者。

悲观失望的人在挫折面前，会陷入不能自拔的困境；乐观向上的人即使在绝境之中，也能看到一线生机，并为此而努力。

有两个穷困潦倒的人，手里都只有一元钱了，悲观的一位说："咳，只剩这一元钱了！"

而另一位则乐呵呵地说："嗨，我还有一元钱呢！"

"要看到光明的一面。"一个年轻人对他的牢骚满腹、愁眉不展的朋友说。"但是，没有什么是光明的。"他的朋友心事重重地回答。"那就把不光的一面打磨一下，让它显出光亮不就得了！"

有一位银行家，在51岁的时候，财富高达数百万美元，而到52岁的时候，他失去了所有的财富，而且背上了一大堆债务。面临巨大打击，他没有颓废也没有悲观失望，而是决定要东山再起。不久，他又积累了巨额的财富。当他最后还清300个债务人的欠款后，这位金融家实现了他的承诺。有人问他，他的第二笔财富是怎样积累起来的。他回答说："这很简单，因为我从来没有改变从父母身上继承下来的个性，就是积极乐观。从我早期谋生开始，我就认为要以充满希望的一面来看待万事万物，从来不要在阴影的笼罩下生活。我总是有理由让自己相信，实际的情况比一般人设想和尖刻批评的情况要好得多。我相信，我们的社会到处都是财富，只要去工作就一定会发现财富、获得财富。这就是我生活成功的秘密，记住：总是要看到事物阳光灿烂的一面。

"这个世界应该更加光明、更加美好，如果人们懂得保持快乐是他们的责任，懂得开开心心地完成自己的职责也是他们的责任，那么，这个世界就会美妙多了。每天都快乐地生活，也是让别人幸福的最好保证。"

我们都有这样的感受：快乐开心的人在我们的记忆里会留存很长的时间，因为我们更愿意留下快乐而不是悲伤的记忆。每当我们回想起那些勇敢且愉快的人们时，我们总能感受到一种柔和的亲切感。诗人胡德说："即使到了我生命的最后一天，我也要像太阳一样，总是面对着事物光明的一面。"

到处都有明媚宜人的阳光，勇敢的人们一路纵情歌唱。即使在乌云的笼罩之下，他们也会充满对美好未来的期待，跳动的心灵一刻都不曾沮丧悲观；不管他们从事什么行业，他们都会觉得工作很重要，很体面；即使他们穿的衣服褴褛不堪，也无碍于他们的尊严；他们不仅自己感到快乐，也给别人带来快乐。千万不要让自己心情消沉，一旦发现有这种倾向就要马上避免。一定要记住：多换一下角度，你看到的结果将会大相径庭于前一种悲观。生活中有三种原色，只要你懂得运用，三种原色就能变换成七种色彩，那么，你的人生将如彩虹般绚丽。所以，不必再为那些所谓的烦恼而痛苦，不必再为那些所谓的泥泞而胆怯。生活其实真如七彩虹霓般美妙，只要你能变换看待它的双眼。

全力以赴才有更多机会

"没有机会"，往往是弱者的推托之词，往往是挫败者或不图进取者的推托之词。要知道，弱者等待机会，强者创造机会，机会只会青睐那些生活中的强者。如果你自己不去主动寻找和创造机会，那么命运之神绝不会主动把胜利的花环戴在你的头上。

在动物王国的历史上有这样一个故事：

> 有一次，猴王马克打了一次大胜仗。有个大臣问它：假如有机会，你想不想再去攻占下一个山头？而其他的大臣则纷纷进言，说凭猴王现在的运气，完全能打赢另一个大仗，攻下更多的山头。
>
> 猴王马克大怒，说："难道你们以为我是靠运气才打了胜仗吗？难道你们以为我总是在等待什么机会吗？我不靠什么运气！我也从不等待机会！我所要做的是，为自己制造出打胜仗的机会。"

成功总是垂青那些有准备的人。古往今来，有许多成功人士并不注意机会在哪一刻来临，而是抓紧所有时间，让生命的力量发挥到极致，从而在最适合自己的位置上，牢牢地立直身子。如果做到了这一点，那么色彩斑斓的机会，一个个就会来到你的面前。

■ 机会要靠自己争取

机会是一切努力之中最杰出的船长。

——索富克勒斯

好心态成就好人生

微软总裁比尔·盖茨曾教导自己的员工："只要你善于观察，你的周围到处都存在着机会；只要你善于倾听，你总会听到那些渴求帮助的人越来越弱的呼声；只要你有一颗仁爱之心，你就不会仅仅为了私人利益而工作；只要你肯伸出自己的手，永远都会有高尚的事业等待你去开创。"

比尔·盖茨之所以能开创辉煌的事业，是因为他总是能够全力以赴并以他独特的眼光捉住身边转瞬即逝的机会。生活中许多人常常会舍近求远，到远处去寻找自己身边就有的东西。

而机遇往往就在你的脚下，准确地讲，是在你的眼里、手里。我们先来看这样一个故事：

一位船长讲述道："天正渐渐地黑下来。海上风很大，海浪滔天，一浪比一浪高。有一天晚上我们碰到了不幸的'中美洲'号，我给那艘破旧的汽船发了个信号打招呼，问他们需不需要帮忙。'情况正变得越来越糟糕。''中美洲'的亨顿船长朝着我喊道。'那你要不要把所有的乘客先转移到我船上来呢？'我大声地问他。'现在不要紧，你明天早上再来帮我好不好？'他回答道。'好吧，我尽力而为，试一试吧。可是你现在先把乘客转到我船上不更好吗？'我问他。'你还是明天早上再来帮我吧。'他依旧坚持道。我曾经试图向他靠近，但是，你知道，那时是在晚上，夜又黑，浪又大，我怎么也无法固定自己的位置。后来我就再也没有见到过'中美洲'号。就在他与我对话后的一个半小时，他的船连同船上那些鲜活的生命就永远地沉入了海底。船长和他的船员以及大部分的乘客在海洋的深处为自己找到了最安静的坟墓。"亨顿船长曾经离他咫尺却忽略了的机遇，然而，在他面对死神的最后时刻，他那深深的自责又有什么用呢？他的盲目乐观与优柔寡断使得许多乘客成了牺牲品！

其实，在我们的生活当中，又有多少像亨顿船长这样的人，只有在失去之后，才幡然悔悟，认同了那句古老的格言"机不可失，时不再来"。然而，这时一切已经太迟了。所罗门王在几千年前说"你见过工作勤奋的人吗？他应该与国王平起平坐。"孜孜不倦的富兰克林用他的一生对这句话做了最好的诠释，他曾经有机会与五位国王平起平坐，与两位国王共进晚餐。那些善于利用机会的人在发现机会与把握机会的时候如同撒下了种子，终有一天，这些种子会生根、发芽、结果，这样给他们自己或是别人带来更多的机会。每一位一步一个脚印、踏踏实实工作的人其实正在离机会与幸福越来越近，可以选择的道路也会越来越宽，越来越平坦。其实这些道路向所有的人都是敞开的，无论是头脑清晰、生活节俭、年富力强的科学家，还是温文尔雅的学者；无论是谨慎细致的公务员，还是兢兢业业的公司职员。机会的存在形式都是一样的，当然成功的机会是无限的。在每一个行业中，都有无数的机会足以去发明产品、改善制造和管理的过程，甚至去提供比竞争对手更优越的服务。但是，每个机会都是稍纵即逝的，除非有人抓住它，并善加利用。每当面对困难时，不妨停下来问问自己："这个困难之下，可能藏有什么机会呢？"当你发现了机会，你就超越你的对手了。常常有人终其一生在等待一个完美的机会自动送上门，这样他们便可以拥有光荣的时刻。直到他们了解，每一个机会都属于那些主动找寻的人，才后悔不该坐等机会的到来！如果你对你的未来有具体的计划，那么，别再犹豫了！别蹉跎空候，也别期望成功会自然到来，当你确定自己所要的是什么，全力以赴地去争取，只有这样你才能有成功的希望。只有不负责任的人才总是抱怨自己没有机会，没有时间；而那些永远在孜孜不倦地工作着、努力着的人能够从琐碎的小事中找到机会，并紧紧抓住细小的机会去利用它们完成自己的计划。

每个人的体内都包含了诚实的品质、热切的愿望和坚韧的品格，这些都让人们有成就自己的可能；人们的前方还有无数伟人的足迹在引导着、激励着他们不断前行；而且，每一个新的时刻都给人们带来许多未知的机遇。一个聪明的人，只要把握住这些"未知的机遇"，就能够为人生目标进行拼搏，赢得人生。

那些成功者不会等待机会的到来，而是寻找并抓住机会，把握机会，征服机会，让机会成为服务于他的奴仆。换句话说，任何机会都可以是他们手中的"金钥匙"。

抓住机遇的闪电

生命很快就过去了，一个时机从不会出现两次，必须当机立断，不然就永远别要。

——罗曼·罗兰

机遇与我们的事业休戚相关，机遇是一个美丽而性情古怪的天使，她无声地降临在你身边，如果你稍有疏忽，她又将翩然而去，不管你怎样扼腕叹息，她从此杳无音讯，不再复返了。20世纪的美国人也有一句谚语："通往失败的路上，处处是错失了的机会。坐待幸运从前门进来的人，往往忽略了从后窗进入的机会。"

机会只敲一次门。成功者善于抓住每次机会，充分施展才能，最终成功，获得命运的垂青。

某地发生水灾，整个乡村都难逃厄运。许多村民纷纷逃生，一位上帝的虔诚信徒爬到屋顶上去，等待上帝的拯救。不久，大水浸过屋顶，这时有只木舟经过，船上的人要带他逃生。这位信徒胸有成竹地说："不用啦，上帝会救我的！"木舟就离他而去。

片刻之间，河水已浸到他的膝盖。刚巧，有艘汽艇经过，拯救尚未逃生者。这位信徒则说："不必啦，上帝一定会救我的。"汽艇只好到他处进行拯救工作。

半刻钟之后，洪水高涨，已至信徒的肩膀。此时，有架直升机放下软梯来拯救他。他死也不肯上机，说了："别担心我啦，上帝会救我的！"直升机也只好离去。

最后，水继续高涨，这位信徒被淹死了。死后，他升上天堂，遇见了上帝。他大骂："平日我诚心祈祷您，您却见死不救。算我瞎了眼啦。"

上帝听后叫了起来："你还要我怎样？我已经给你派去了两条船和一架飞机！"

培根说过："机会老人先给你送上它的头发，如果你没抓住，再抓就只能碰到它的秃头了。"

机不可失，时不再来，这是一个人人知道却并不一定人人重视的道理。

在商业活动中，如果你能在时机来临之前就识别它，在它溜走之前就采取行动，那么，幸运之神就降临了。

1968年，特朗普大学毕业，仅仅在6年后，他就抓住了一次难得的机会。因为特朗普打听到濒于破产的佩恩中央铁路公司所属的几家饭店准备出卖。他瞄准了最不景气的康莫多尔饭店。康莫多尔多年来一直亏损，还长期拖欠财产税，于是特朗普做了一番实地考察。他发现，饭店年久失修，外面成群乞丐游来荡去，廉价的摊铺拥挤不堪，砖面肮脏丑陋，进入正厅，又黑又暗，感觉像走进一家野外小旅店。但是，每天早晨，成千上万来往于康涅狄格和韦彻斯特的衣冠楚楚的人们在旭日阳光下，踌躇满志地从饭店对面的火车站及地铁涌入大街，特朗普觉得这是一个难得的机会。除非这座城市毁灭，否则每天会有数百万富有者经过这里。特朗普立即决定买下来改造它。当然，这要冒相当的风险。

他先说服了卖主相信他是唯一不顾周围萧条的环境，决定买下一个亏损饭店的人；同时还拟了一个草案，表明特朗普享有1000万美元的价格买下康莫多尔饭店的特权（专卖权）。但是机敏的特朗普给自己留下了一条后路，他让律师们在很多小的法律程序上大做文章，不至于为一个前途未卜的项目专卖权花去25万美元。他要在真正买下饭店之前，把政府减免税的许可、银行的贷款及合作伙伴确定下来。

为了提高人们的兴趣，设计师根据特朗普的要求，设计了一种全新的外观，看起来非常豪华、时髦、现代。

解决了康莫多尔的隶属问题，特朗普于是又盯上了海亚特饭店公司，该公司豪华整洁的形象与他的想法相吻合，而他们正准备进军纽约市，这样至少在权益保留制度、基本管理技能等方面对毫无经验的特朗普进行弥补。说起来很有趣，27岁的特朗普别说经营，就连饭店也从未住过。

这说明无论境遇如何，商机是永远存在的，关键在于你有没有敏锐的眼光，并抓住它。

机会眷顾有准备的人

聪明的人制造的机会比他找到的多。

——弗朗西斯·培根

许多人坐等机会，希望好运从天而降，这些人往往难成大事。成功者积极准备，一旦机会降临，便能牢牢地把握。有位年轻人，想发财想得发疯。一天，他听说附近深山里有位白发老人，若有缘与他相见，则有求必应，肯定不会空手而归。于是，那年轻人便连夜收拾行李，赶上山去。他在那儿苦等了5天，终于见到了那个传说中的老人，他求老者给他好运。老人便告诉他说："每天清晨，太阳未东升时，你到海边的沙滩上寻找一粒'心愿石'。其他石头是冷的，而那颗'心愿石'却与众不同，握在手里，你会感到很温暖而且会发光。

好心态成就好人生

一旦你寻找到那颗'心愿石'后,你所祈愿的东西就可以实现了!"每天清晨,那个年轻人便在海滩上捡石头,发觉不温暖又不发光的,他便丢下海去。日复一日,月复一月,那个年轻人在沙滩上寻找了大半年,却始终也没找到温暖发光的"心愿石"。有一天,他如往常一样,在沙滩开始捡石头。一发觉不是"心愿石",他便丢下海去。一粒、二粒、三粒……

突然,"哇……"

年轻人大哭起来,因为他突然意识到:刚才他习惯性地扔出去的那块石头是"温暖"的……

当机遇到来时,如果你麻木不仁就会和它失之交臂。

人们只有抓住机遇,利用机遇,努力奋斗,才可以获得真正幸福的人生。

有许多发现和发明看起来是偶然,其实,探究一下就会发现,这些发现和发明也非偶然得来的,更不是什么天才灵动或运气极佳。事实上,在大多数情形下,这些在常人看来纯属偶然的事件,不过是从事该项研究的人长期苦思冥想的结果。

人们常常引用苹果落在牛顿脚前,导致他发现万有引力定律这一例子来说明所谓纯粹偶然事件在发现中的巨大作用。但人们却忽视了,多年来,牛顿一直在为重力问题苦苦思索、研究这一现象的艰辛过程。苹果落地这一常见的日常生活现象之所以为常人所不在意,而能激起牛顿对重力问题的理解,能激起他灵感的火花并作一步做出异常深刻的解释,这是因为牛顿对重力问题有深刻的理解的结果。生活中,成千上万个苹果从树上掉下来,却很少有人能像牛顿那样引发出深刻的定律出来。同样,从普通烟斗里冒出来的五光十色像肥皂泡一样的小泡泡,这在常人眼里就跟空气一样普通,但正是这一现象使杨格博士创立了著名的光干扰原理,并由此发现了光衍射现象。人们总认为伟大的发明家总是论及一些十分伟大的事件或奥秘,其实像牛顿和杨格以及其他许多科学家,他们都是研究一些极普通的现象,他们的过人之处在于能从这些人所共见的普遍现象中揭示其内在的、本质的联系。而这些都是凭着他们的全力以赴钻研得来的。

所罗门说过:"智者的眼睛长在头上,而愚者的眼睛是长在脊背上的。"心灵比眼睛看到的东西更多。那些没头没脑的凝视者只能看到事物的表象。只有那些富有理解力的眼光才能穿透事物的现象,深入到事物的内在结构和本质之中去，他们才能看到差别，进行比较；抓住潜藏在表象后面的更深刻、更本质的东西。

巴斯尼时刻准备着要当爱迪生的商业伙伴，而且他决心要保持这种态势，直到达到他所追求的目标为止。在他等待机遇的时候，机遇迟迟不来，但他并没有对自己说："哎，算了吧，有什么用呢？我想我还是改变主意，找个推销员的工作来干吧。"

他对自己是这样说的："来到这里是为了和爱迪生一起做生意，我一定要实现这个心愿，即使要花费我的一生也在所不惜。"他于是下决心这样做了。

爱迪生刚刚发明了一个新的办公用品。而他的销售人员对这种机器并不热心，他们认为这种机器并不容易销售。这时，巴斯尼抓住了机遇，他向爱迪生提出请求，立即获得了机会，爱迪生与他签订了一项合约，请他负责在美国各地推销这种机器。巴斯尼从中赚到了大量的钱。

有些人走上成功之路，不乏来自于偶然的机遇。然而就他们本身来说，他们必须也确实具备了获得成功机遇的才能。

许多人相信掷硬币测运气，而且认为事业的成功也大都这样。但好运气更偏爱那些努力工作的人。没有充分的准备和大量的汗水，一个好的机会就会眼睁睁地从身边溜走。

对于机遇，它意味着需要你忍受无法忍受的艰苦和穷困，以及你献身工作的漫漫长夜。

为获得成功，你必须明白只有在你寻找机会时，只有你为所从事的工作有充分的准备时，机会才会来临。

拿破仑·希尔说，任何人只要能够定下一个明确的目标，坚守这个目标，时时刻刻把这个目标记在心中，那么，必然会获得意想不到的结果。巴斯尼正是这样做的而且也取得了成功。

那么怎样去准备呢？那就需要留心周围的小事，独具慧眼。在日常生活中，常常会发生各种各样的事，有些事使人大吃一惊，有些事却毫无惊人之处。一般而言，使人大吃一惊的事会使人倍加关注，而平淡无奇的事往往不被人所注意，但它却可能包含有重要的意义。一个有敏锐洞察力的人，会独具慧眼。19世纪的英国物理学家瑞利正是从日常生活中洞察到，端茶水上来时，茶杯会在碟子里滑动和倾斜，有时茶杯里的茶水也会洒一些，但当茶水稍洒出一点弄湿了茶碟时会突然变得不易在碟上滑动了。瑞利对此作了进一步探究，做了许多相类似的实验，结果得到一种求算摩擦的方法——倾斜法，给人类的科学事业做出了极大的贡献。当然，我们说培养敏锐的洞察力，留心周围小事的重要意义，并不是让人们把目光完全局限于"小事"上，而是要人们"小中见大"、"见微知著"。只有这样，才能有更多发现机遇的机会。

卡耐基认为，在具备敏锐洞察力的前提下，还必须具备一定的判断力。判断力不仅对于正常情况下的科学发现活动和其他实践活动是重要的，对于异常情况下的科学发现活动及社会急剧变化时的实践活动更为重要，在物质文明与精神文明飞速发展的 21 世纪，人们应该根据自己的判断力，选择和从事有利于社会又适合自己，能给自己带来物质和精神生活幸福的工作。

智者创造机遇

与其说人的命运都是按照规则过程进行的国际象棋，还不如说使人想起彩票更恰当。

——爱伦堡

亚历山大在打了一个胜仗之后，有人问他假使有机遇，他想不想把第二个城邑攻下？"什么？"他怒吼起来，"机遇？机遇是我自己创造的！"

世界上最需要的，正是那些能够制造机遇的人。

时机不是超乎人类能力的大自然的力量，人在机遇面前，不都是被动的、消极的。许多能成大事的人更多的时候，是积极地、主动地争取机会，"创造"机遇。

在主动进取的人面前，机遇是可以被"创造"的。培根说："智者所创造的机遇，要比他所能找到的多。只是消极等待机遇，这是一种侥幸的心理。正如樱树那样，虽在静静地等待着春天的到来，而它却无时无刻不在蓄精养锐。"

当一个人计划周详，考虑缜密，并有多种有利因素的配合的时候常常能创造出契机，这样就能与机会结缘，并能借助机遇的双翼，搏击于事业的长空。

人不仅要把握机遇，更需千方百计，伸长触角，张大触须创造机遇。走向成功的人，绝不是一个逍遥自在、没有任何压力的逍遥客，而是一个积极投入、"执迷不悟"的参与者。善于制造机遇，并张开双臂迎接机会的人，最有希望与成功为伍。积极创造机遇，也正是现代人必须具备的人生态度。

机遇是一个人成功的重要条件，同样也是一个企业成功的必备条件。松下幸之助从一个学徒走向成功，他最值得骄傲的就是自己善于把握那些成功的机遇。

第一次机遇是松下幸之助通过发明多用插座而创立了自己的公司，这是所谓的创业机遇。而第二次机遇则是松下幸之助通过自我改革创立了一种团队经营的理念，这也许就是松下的发展机遇吧。松下在回顾自己这段经历时是这样总结的：

"我真正开始考虑经营问题，是在我开始做生意的第13年左右。在此以前，完全根据学徒时代所学、而在当时认为是最正确的方式。譬如说：一大早起来工作，尊重客人，制造出好的东西，可以说一切完全靠努力和勤奋做生意。

"经过了13年，员工的人数增加了，生意也做得相当顺利，松下电器在大阪也开始有了小小的知名度。这时，我突然有一种感想。过去，我只知道一味努力工作，可是我们的工作是否具有更大的意义？经由工作的关系，我们和社会繁荣可以说息息相关。因此，我认为今后的经营必须基于此种使命感。不只是公司，每个人都一样，人应该在工作中感受到极大的使命感。于是，我对当时所有的员工说明了这种思想，决定今后大家都抱着这个目标工作。那个时期一切尚属于个人经营方式，大家都还叫我老大。在工人多的地方称为'头'，一般生意上则称为'老大'。'老大说得很对，老大说的我们明白了。'过去我们并没有思想可言，只是为了工作而工作。虽然这种方式并没有错误，然而今后我们要根据上述的使命，做更有价值的工作。说起来也很奇怪，大家仿佛多了一根支柱，工作精神也改变了。我自己是如此，员工们亦然。于是，同样的工作却因此而感受到不同的意义。"

1989年4月27日，松下幸之助以94岁高龄去世，他留下了享誉全球的松下电器公司，留下了15.3亿美元的遗产。留下了"经营之神"的传奇经历。他的那句经营管理学名言："如果下雨，那就打伞。"仍然是人们难以解答的松下成功之谜。

由此我们可以看出机遇的到来，条件往往十分苛刻，它的存在也十分稀缺难得，它并非那样轻易得到。要获得它，需要极大的"投入"，需要高昂的代价和成本，准备相当充足的实力、雄厚的才能功底。

机遇绝非上苍的恩赐，它是创造主体主动争取，主动创造出来的。机遇不但珍贵而稀缺的，而且极易消逝。你对它怠慢、冷落、漫不经心，它就不会向你伸出热情的手臂。懂得主动出击的人，才能俘获机遇。守株待兔的人，常与机遇无缘，这是普遍的法则。你若比一般人更显出主动、热情的话，机遇就会向你靠拢。想要找油矿，当然要去可能有矿脉的地方。想要捕鱼不可能走到根本没有鱼的地方去捕鱼。

创造机遇最好的方法，就是把我们的才能放置在反光灯下。也就是说，要在别人看得见的地方工作。

有的人常说某商人做生意的直觉如同"杀手"，相当不错，这种直觉应是一种高度的洞察力和灵活的反应力。

每一种行业中，都有人赚大钱，有人赚小钱，有人赔钱，其实大家的智力相差无几，只不过有人用得多，有的人整天都让大脑休息，无法看到甚至抓住时机。

机遇最喜欢爱拼、善攻、有挑战性格的人，它也想为这样的人"效劳"。所以，在机遇面前，无疑需要敢于拼搏、锲而不舍的精神，将自身的能量最大限度地发挥出来。只有勇于战胜那些看似难以克服的困难，才使机遇发挥出极大的效能。有些人为艰难所折服，就会使已到手的机遇未能得到充分利用，而使自己功亏一篑，也使曾做出的努力付诸东流。机遇的抓获，是一个逐步进行优势积累的过程。从不少成功者的经历看，他们都是创造机遇并充分利用机遇的智者。一开始，他们是一面勤奋地、精心地积累，一面在寻觅机遇。当他们有一定程度的知识、能力功底时，机遇就会不期而至。当他们利用实力和机遇取得成绩后，又会遇到质和量更高、更利于自身发展的新机遇。

创造机遇需要一种韧劲、磨劲。当你确定明确的奋斗方向，有坚定的信念，并时时刻刻准备"接纳"机遇时，就有可能得到机遇女神的青睐。

尽快走出自己的错误

一个人做错了一件事，最好的处理办法就是老老实实认错，然后尽快走出错误的阴影，而不要去为自己作无谓的辩护。这是做人的美德，也是为人处世的学问。

画家弗迪南德·沃伦采用了一方法使买他画的人由愤怒、埋怨变得宽容大度。"画广告画和为出版社画画要准确、认真，这一点很重要，"费迪南德在卡耐基训练课堂上回忆自己的经历时这样说，"有些编辑要你按他的意图马上创作一幅画，这难免会使你的作品出错。与我共事的一位编辑喜欢吹毛求疵，每当他这样做时，我就离开他的办公室躲出去，这倒不是因为对他提出的批评不满，而是对他这种态度和方法感到气愤。前不久，他要我在短时间内给他创作一幅画，我抓紧时间画好了。他打电话把我请去。我一进他办公室发现他对我怀有敌意。这是我意料之中的事。他让我谈谈为什么这样画，而不那样画。于是我就用学到的方法作了自我批评。我说：'先生，如果这幅画确实像您所说的我画错了，我没有理由为自己辩护，我承认错误。我长期应约为您作画，发生错误是不应该的，我很内疚。'

"他立即改口为我开脱：'您说得对，但这不是什么严重错误，只是……'

"我打断了他的话：'任何错误都要付出代价的，犯错误自然会惹人生气。'他又想说什么，但我没让他说。我有生以来第一次批评自己，但我对此满意。

"'我再仔细些就好了，'我说，'您长期约我作画，有权要求我把画画好。我重新画一幅。'

"'不，不'，他反对我这样做，'我没有那个意思。'他把我的作品夸赞了

149

一番，表示只是想让我对其做些修改，我的失误对出版社的声誉不会有什么影响，劝我不必为此担心。我的自我批评使他无法再同我争吵。最后他请我一起用早餐，临分手前他给了我一张支票，并约我再为他作一幅画。"

如果你觉察到他人认为你有不妥之处，或是想指出你的不妥之处，你自己就要首先讲出来，使他无法同你争辩。你要相信，他会宽宏大度，不计较你的过错，能原谅你，就像那位编辑待沃伦一样。

只有愚蠢的人才会试图为自己的错误辩护。而实际上大部分人却都是这样做的。主动走出自己的错误，会使你比不承认错误的人高明得多。

犯了错误，不肯承认自己的错误，反而找借口为自己开脱、辩解，归根结底是人性的弱点在作怪。

■ 坦诚地面对自己的错误

走出自己的错误，要比为它争辩有意义得多。

——卡耐基

有一个毕业于名牌大学的工程师，有学识，有经验，但犯错后总是自我辩解。工程师应聘到一家工厂时，厂长对他很信赖，事事让他放手去干。结果，却发生了多次失败，而每次失败都是工程师的错，可工程师都有一条或数条理由为自己辩解，说得头头是道。因为厂长并不懂技术，常被工程师驳得无言以对。厂长看到工程师不肯承认自己的错误，反而推卸责任，心里很是恼火，只好让工程师卷铺盖走人。

能坦诚地面对自己的弱点，不仅能弥补错误所带来的不良结果，在今后的工作中更加谨慎行事，而且别人也会很痛快地原谅你的错误。

某些人认为，拒不认账的好处在于不为后果负责，就算要负责，也把相关的人都包括在内，谁也逃脱不了干系。这样，能推就推，能躲就躲，保住了面子，又避免了损失，这是从表面上看。实际上，你既然已经犯有错误，拒不认账的结果是弊大于利。首先，你铸成的大错是尽人皆知的，你的抵赖只能让人觉得你太顽固。如果你犯的错误人证物证俱存，责任又逃避不了，你再抵赖也只是枉费心机。如果是鸡毛蒜皮的小错，那你就更不用顽固，顽固会造成你在同事心目中更坏的印象，真是得不偿失。你敢做不敢当的印象形成后，主管的顶头上级不敢再用你。怕你有朝一日也拉自己下水，同事也不敢与你合作，怕你故伎重演。而且你一旦拒不认错，形成习惯，那还谈得上培养解决问题的能力吗？——你会认为自己"一贯正确"。

承认错误，就有可能承担责任，独吞苦果。但在绝大多数的情况下，别人都不会一棍子打死你的，既然你认错了，还要怎样呢？资助认错本身就是替上级分担责任，主动取咎，上级再抓住你不放，显然也有损他的形象。

坦率认错的好处还在于，首先，为自己树立敢作敢当的形象。承担责任，不推诿过失，上级放心，下属尊敬，同事喜欢，认一个错又有什么大不了的呢？其次要勇敢地面对错误，今后才能避免错误，从而及时提高自己的水平和能力，错误成了上进的垫脚石。最后，你的坦率承认，虽然得到了上级的训斥，你无形中处在受难者的地位，而众人从心理上往往是同情受苦受难者的，你获得的是人心。你既然挨了训，上级再罚你，也不至于太狠。人毕竟都有同情心。

所以，人不怕犯错误，就怕犯了错误以后不认错、不改错。你坦率地承认，并想办法补救，在今后的工作中加以改进，便会得到人们的信任。

常言道："智者千虑，必有一失。"一个人再聪明，再能干，也总有失败犯错误的时候。人犯了错误往往有两种态度：一种是拒不认错，找借口辩解推脱；另一种是坦诚承认错误，勇于改正，并找到解决的途径。

每个人都有犯错误的可能，关键在于你认错的态度。只要你坦率承担责任，并尽力去想办法补救，你仍然可以立于不败之地。

乔治是一家商贸公司的市场部经理。在任职期间，曾犯了一个错误，他没经过仔细调查研究，就批复了一个职员为纽约某公司生产 5 万部高档相机的报告。等产品生产出来准备报关时，公司才知道那个职员早已被"猎头"公司挖走了，那批货如果一到纽约，就会无影无踪，贷款自然也会打水漂。

乔治一时想不出补救对策，一个人在办公室里焦虑不安。这时老板走了进来，他的脸色非常难看，就想质问乔治怎么回事。还没等老板开口，乔治就立刻坦诚地向他讲述了一切，并主动认错："这是我的失误，我一定会尽最大努力挽回损失。"

老板被乔治的坦诚和敢于承担责任的勇气打动了，答应了他的请求，并拨出一笔款让他到纽约去考察一番。经过努力，乔治联系好了另一家客户。

一个月后，这批照相机以比那个职员在报告上写的还高的价格转让了出去。乔治的努力得到老板的嘉奖。

一个人犯了错误并不可怕，怕的是不承认错误，不弥补错误。

松下幸之助说："偶尔犯了错误无可厚非，但从处理错误的态度上，我们可以看清楚一个人。"老板欣赏的是那些能够正确认识自己的错误，并及时改正错误以补救的职员。

成功来自于在错误中不断学习，因为只要你从错误中学得经验吸取教训，就不会再重蹈覆辙。只要你坚持并且有耐心，认识错误，改正错误，弥补错误，就能吸取经验，取得成功。

■ 接受不可避免的错误

各种真理都要在和错误的斗争中维持他们的生命。

——克罗齐

有一家广告公司的创意总监认为，工作的大部分时间都失败，他才会快乐，他说："假如你想做个原始创意人，就需要犯很多错误。"

一家电脑公司总裁也告诉员工："我们是发明家，我们要做别人从未做的事。虽然我们将会产生许多错误。但我给你们的劝告是：'可以犯错，但是要快点犯完错误。'"

一家尖端科技公司的某部门经理，询问副总工程师新产品的市场成功率，得到的答案是"大约50%"，这位经理忧虑地说："太高了，最好设定在30%，否则在我们的计划内，我们会因为太保守而不敢放手去做。"

IBM 的创始人汤玛斯·华生有类似的话："成功之路就是使失败率加倍。"

现在我们可以说，错误是脱离常轨和尝试不同方法的引路标。

大自然提供了以试错法来进行改变的绝佳实例。

每一次基因繁殖时发生的错误，就会导致遗传上的突变发生。在大多数的情况中，这些突变对物种都有不利影响，使其遭到自然选择的淘汰，但是偶尔也会产生对物种有利的突变，且会遗传给下一代。

地球上之所以有如此多的生物，就是这种试错过程的结果。如果原生的阿米巴虫不产生任何突变的话，哪会有今天的人类呢？

曾有位企业家作了一个错误的决定，这个决定让他蒙受了一笔巨大的损失。

在这之后，他拒绝承认自己的失误，拒绝接受不可避免的事实，并想去反抗它。结果，他失眠了好几夜，痛苦不堪，但问题一点儿也没解决。

更严重的是，这件事还让他想起了很多以前细小的挫败，他在灰心失望中折磨着自己。

这种自虐的情形竟然持续了一年，直到他向一位心理专家求救后，才彻底地从痛苦中解脱出来。

如果我们研究一下那些成功的企业家或政治家的生活，就会发现，他们大多数都能接受那些不可避免的错误的事实，让自己保持平和的心态，过一种无忧无虑的生活。否则，他们立刻就会被巨大的压力压垮。

"当我们不再反抗那些不可避免的事实之后，"爱尔西·麦可密克在一篇文章中这样写道，"我们就能节省下精力，去创造一个更加丰富的生活。"

同时抗拒不可避免的事实和创造新的生活，没有人能有这样的精力。你只能在两者中间选择其一：可以选择接受不可避免的错误和挫败，并抛下它们往前走，也可以选择抗拒它们，变得更加苦恼。如果我们面对一些不可避免的挫败，不去接受它们而是去反抗它们的话，我们会遇到什么样的结果呢？答案非常简单，它会产生一连串的焦虑、矛盾、痛苦、焦躁、紧张等，那样我们只能因此整天神经兮兮、不知所终。

"对必然之事，轻快地加以接受。"在今天这个充满紧张、忧虑的世界，忙碌的人们比以往更需要这句话。所以接受不可避免的事实，保持乐观的态度，是我们最应该具有的一种生活状态。在创造过程的萌芽阶段，错误是偏离正轨的警告，如果一个人一直很少失败，那就表示他没有很大的创造力。但是，犯错误并不是没有限度的，以下几条是你应该注意的：

（1）如果你犯了错，就把它当成获得新创意的垫脚石。

（2）区分"尝试犯错"和"避免犯错"的不同，后者的代价要大于前者。如果你未曾犯错，那你应该问问自己："由于太过保守，我错失了多少机会？"

（3）加强你的"冒险"力量，每个人都有这种能力，但必须常常运用，否则就会退化。你可以把至少24小时冒一次险列为生活的重点。

(4) 要记住失败的两种好处：第一，如果你的尝试失败了，你将知道哪条路行不通；第二，失败给予你尝试新方法的机会。

■ 勇于认错就会赢得他人的尊重

不小心犯了错误，坦率承认和检讨，并尽快对其进行补救，这样才可以赢得别人的信赖。

——弗雷德·施韦德

一个人在前进的途中，难免会出现这样或那样的过错。对一个欲达到既定目标、走向成功的人来说，正确对待自己过错的态度应当是：过而不文，知过能改。

有两个年轻人，因为贫穷的缘故，一起去偷羊，结果被当场抓获。

当地人按照风俗习惯，在两个年轻人的额头上烙上了英文字母 ST，即偷羊贼的缩写。

其中一个年轻人无法忍受内心的羞辱感，无法顶着这两个字母在家乡生活，便远走他乡。但他额头的字母总是引来别人的好奇，这使他痛苦不堪，一直生活在郁郁寡欢之中。

另一个年轻人开始时也为自己头上的字母充满了悔恨，但他再三考虑后，选择了留下，他决心以自己的实际行动来洗刷这份耻辱。

随着时光的流逝，他为自己赢得了良好的声誉。当他年老时，好奇的旅客问当地人，这两个字母是什么意思。当地人说："可能是圣徒的缩写吧！"

如果自己错了，最好在别人察觉之前就予以承认。勇于承认自己错误的人，反而能够获取别人的信任。用真诚换真心，天地无限宽。

人们大都有一个弱点，喜欢为自己辩护，为自己开脱，而实际上，这种文过饰非的态度常常会使一个人在成功的航道上越偏越远。过而不文需要一种坚强的纠错意识和宽广的胸怀，一般人做不到这一点，原因可能是虚荣心在作怪。一向认为自己各方面的能力都不错，很少有失误发生，久而久之，自然养成了"一贯正确"的意识，一旦真的出现过错，则在心理上难以接受，出于对面子的维护，人们会找这样那样的理由开脱。或者干脆将过错掩盖起来。另外的原因是怕影响自己在他人心中的威信及信任。其实，有了过失并不可怕，怕的是不思悔改，一味坚持，这种人是很难拥有辉煌人生的。在生活的冲突中，人们往往不愿承认自己的错，而指责别人。即使是自己的差错，也尽可能地找些借口来为自己辩护。不幸的是，这不但无助于解决矛盾，反而使矛盾愈演愈烈，最后可能弄得无法收拾。

在人际冲突双方，如果有一方站出来诚恳地说："这是我的错，我来承担责任。"一场人际冲突可能就烟消云散了。可是人们为什么不愿承认自己的错误呢？主要原因之一是人性的弱点作怪，害怕承认错误有失自尊，面子上过不去。其次是害怕承担责任，害怕惩罚。

然而，只要把眼光放远一点，就能看清实际情况。如果有错不承认，你留给别人的印象便是激进、自私、蛮横无理，越不认错，越被人瞧不起。这样，你虚假的自尊和面子还能保得住吗？至于承担责任和惩罚，假如是你的过失，你怎么否定也推脱不了，谁也不可能代你受过。关系闹僵了，或矛盾激化了，因此而带来的责任和惩罚可能更严重。

如果我们发现自己的错误，坦诚地承认，结果不仅人际冲突解决了，而且，会使别人更加尊敬你。因为胸怀宽广，通情达理，有信心有能力承认错误，会让你在他人的心目中，形象高大起来，这不是更有自尊，更有面子吗？所以，迅速真诚地承认错误，才是眼光远大地解决人际冲突的上策。

一次，贝姆先生在电台发表演说，谈论一本名著的作者。由于不小心，他两次把这位作者的故居康科特镇说成位于新罕布什州，而正确的是在相邻的马萨诸塞州。

由于康科特是历史名镇，贝姆先生的错误遭到不少人来信来电的指责批评。一位从小在康科特长大的女士，从居住地费城写来一封愤怒加辱骂性的信。贝姆先生几乎被激怒，他觉得，他虽然在地理上犯了一个错误，但那位女士在普通礼节上犯了更大的错误。

但是贝姆先生克制了自己准备回击的冲动，他知道相互指责和争论是毫无意义的。自己错了，就应主动迅速地承认，这才是最好的策略。于是，他不但于第二周的星期天在广播里向听众认错道歉，还特意给那位侮辱他的女士打电话，向她承认错误，并表示抱歉。

结果那位女士反而为自己写那封发泄愤怒的信感到惭愧。她说："贝姆先生，您一定是个大好人，我很乐意和您交个朋友。"

贝姆先生化干戈为玉帛，将一个愤怒的人变成一个友善的朋友。一个人在有勇气承认自己错误的同时还会获得被认可的满足感。

所以，要征服人心和处理好人际矛盾，学会迅速真诚地承认错误很有用处。它能化解矛盾，破解难题，为自己的人生之路拓展平坦大道。

改过才能自新

人都会犯错误，在许多情况下，大多数仍是由于欲望或兴趣的引诱而犯错误的。

——洛克

在日常生活或工作中，我们常因疏忽而犯一些错误。人犯了错误往往有两种态度，一种是拒不认账；另一种是坦率地承认。

某些拒不认账的人认为这样做可以不为后果负责，就算要负责，也把相关的人都包括在内，谁也逃脱不了干系。这样，能推就推，能躲就躲，保住了面子，又避免了损失。实际上，拒不认账的结果是弊大于利。首先，你铸成的大错是尽人皆知的，你的抵赖只能让人觉得你太不负责任。如果你犯的错误人证物证俱存，责任又逃避不了，你再抵赖也只是枉费心机。

如果是鸡毛蒜皮的小错，那你就更不用顽固，顽固会造成你在人们心目中更坏的印象。而且一旦拒不认错，形成习惯，是后悔莫及的。而坦率认错的人首要的是为自己树立敢作敢当的形象。承担责任，并且勇敢地面对错误，今后才能避免错误，从而及时提高自己的水平和能力，错误成了上进的垫脚石。

所以，人不怕犯错误，就怕犯了错误以后不认错、不改错。你坦率地承认，并想办法补救，并在今后的工作中加以改进，便会得到人们的认可和信任。

孔子说："过而不改，是过矣。"

犯错误有时是不自觉的，这错误就不容易引起自己注意，这有待别人指出后才知道，如知而改之，就不会再犯。宋代宰相吕端从爱喝鸡舌汤到不再喝鸡舌汤就是这种例子。

吕端很喜欢喝鸡舌汤，且每天早上都要喝。本来喜欢喝什么，这是属于个人的口味爱好，不算是什么错误。可是，有一天晚上，吕端游花园，见远处墙角有个小土山，便问左右说，"谁为之？"答："此相公所杀鸡毛耳。"吕端听了惊讶说："吾食鸡几何？乃有此？"答："鸡一舌耳，相公一汤用几许舌？食汤凡几时？"吕端惭愧说不出话，深感后悔，以后就不再喝鸡舌汤了。

一鸡仅一舌，喝一次鸡舌汤杀多少鸡，天天喝鸡舌汤，杀的鸡就难数清，仅鸡毛就堆成小土山之高，可见杀鸡之多。为满足个人口福，作为执全国之政的宰相而如此奢侈，何以对得起人民？如果是那些浪费人民血汗而感觉不到心痛的人，即使有人提醒也毫无反应，而吕端究竟是个明理的宰相，知如此浪费立即改之。

薛惟吉也能改过从善，从一个二流子变成一个有用之才。《宋史》有其本传：

薛惟吉的养父是宋太祖时的宰相薛居正，居正妻妒悍，她不生子，又不让婢妾近居正，便养惟吉，甚爱之。豪门子弟多纵欲，惟吉在相门养育下，也就沾染吃喝玩乐之风，他常与京都富贵子弟一起鬼混，因有其养母偏爱而居正不知。

宋太宗继位，宰相子皆升官，惟吉也得任右千牛卫大将军。及居正病死，太宗亲临抚慰其家人，他素知惟吉品行不好，便问："不肖子安在，颇改行否？恐不能负荷先业，奈何？"这时，惟吉伏丧侧，听了太宗的话，既惊且愧，不敢站起来说话。但太宗对他的批评和关怀，终使他振作起来，从此尽改故态，谢绝旧交游，居丧有礼。之后，多结交贤士大夫，笃志读书，频涉猎书史，得到人们赞赏。太宗知其改过，初任澶州知府，后改任扬州。史称"惟吉既知非改过，能折节下士，轻财好施，所至有能声"。

是人，总有过错，但过错要改，才能自新，有所作为。

木屑已经碎了，何必再锯呢？

为那些已经过去的事忧虑，你不过是在做无用功，与其浪费力气和时间做这样的无用工，不如忘掉它，想一些积极的方法防止类似的错误再发生。

——卡耐基

唯一可以使过去的错误有价值的方法，就是很平静地分析错误，从中吸取教训——然后再把错误忘掉。

好心态成就好人生

亚伦·山德士先生永远记得他的生理卫生课老师保尔·布兰德温博士教给他的最有价值的一课。

他说：当时我只有十几岁，却经常为很多事发愁，为自己犯过的错误自怨自艾。我老是在想我做过的事，希望当初没有那么做；我老是在想我说过的话，希望当时把话说得更好。

一天早晨，我们走进科学实验室，发现保罗·布兰德温老师的桌边放着一瓶牛奶。真不知道那和他教的生理卫生课有什么关系。突然，老师一下子把那瓶牛奶打翻在水槽中，同时说道："不要为打翻的牛奶而哭泣。"

然后，他把我们叫到水槽边上说："好好看看，永远记住这一课。你们看，牛奶已经洒光了。无论你怎么着急，如何抱怨，也不能收回一滴了。只要先动点脑筋，先加以防范，那瓶牛奶就可以保住。可是现在已经太迟了——我们现在唯一能做到的，就是把它忘掉，去想一下以后如何防止这样的事发生。"

这次表演使我终生难忘。它教给我，只要有可能，就不要打翻牛奶。万一牛奶打翻时，就要把这件事彻底忘掉。

"不要为打翻的牛奶而哭泣"，虽然是老生常谈，却是人类智慧的结晶。纵使你读过各个时代无数伟人写的有关忧虑的书，你也不会看到比"不要为打翻的牛奶而哭泣"更有用的言语了。事实上，只要我们能读懂、读透那些古老的俗语，我们就可以过一种近乎完美的生活。

不加以利用，知识便无法转化为力量。

佛烈德·富勒·须德有一种把古老的真理用又新又吸引人的方法说出来的天分。有一次在大学毕业班讲演时，他问道："有谁锯过木头？请举手。"大部分学生都举了手。他又问："有谁锯过木屑？"没有一个人举手。

"当然，你们不可能锯木屑。"须德先生说："过去的事就像木屑一样，当你开始为那些过去的事忧虑的时候，你就是在锯一些木屑。"棒球老将康尼·马克 81 岁时有人问他有没有为输了的比赛忧虑过。

他说："我过去常这样。可是，我发现这样做对我完全没有好处，磨完的面粉不需要再磨，水已经把它们冲到底下去了。"辛辛监狱有这样令人吃惊的景象：囚犯们看起来都和外面的人一样快乐。典狱长说这些罪犯刚进去时都心怀怨恨，脾气很坏。可是几个月后，大部分聪明一点的人都能忘掉他们的不幸，安下心来适应他们的监狱生活。典狱长还说，有一个犯人过去在园林里工作，他在监狱围墙里种菜种花时，还能唱出歌来，因为他知道，流泪是没有用的。

当然，犯错误是我们不好。可是，有谁一生中没有犯过错呢？拿破仑在他所有重要战役中不也输过三分之一吗？

有一句俗话说得好："即使动用国王所有的人马，也不能挽回过去。"

过去的事就让他过去吧，我们没有必要挽回，为打翻的牛奶忧虑是于事无补的，更不要试图去锯那些早已锯碎的木屑，因为那相当于在做无用工。

成功的标准不止一个

一直以来，我们把成就简化为"赢"，但"成就"并不是那么简单，它是个相当复杂而微妙的课题。

比尔·盖茨认为，衡量成功的方式有很多，其中最简单的一种方式是看他给周围人提供了多少帮助。他说，虽然社会上对成功有传统的标准，就是看一个人是否有新的创造，是否因为这样的创造，给人们的生活带来方便。但是他觉得，如果一个人只在一方面做出成就，这样的人是不能算作成功的。

高夫是著名的职业演说家。他指出，成功的意义并不总在一个"赢"字。

高夫讲述了一个关于一个智能不足的年轻女孩曾将成功的真谛表达得淋漓尽致的故事。

在一个大城市的精神病患者举行的运动会选拔赛中，与赛者如同正常人一样，竞争得非常激烈。在中距离赛跑项目中，有两个女孩竞争得格外厉害。最后决赛时，这两个女孩更是备足了力量较劲。

最后有四名选手进入决赛，要决定谁获得该城的冠军。比赛开始，女孩子们在跑道上前进。这两名实力最强的选手很快便将另外两人抛在后面。

在剩下最后一百米的时候，两名跑者几乎是比肩齐步，都极力要跑赢对方。就在这个时候，稍微落后的那个女孩脚步不稳，绊倒了。按照一般的情况来说，这等于宣布了谁是赢家。

但这一回可不是这样。

领先的跑者停下来，折回去扶起她的敌手，为她拂去膝盖和衣服上的泥土，此时，另外两个女孩子已冲过终点线。

> 赢得比赛是当天竞赛的目标，但谁才是这次比赛中真正的赢家，应该是毋庸置疑的。那个小女孩已将她最重要的能力发挥到极致——她爱的能力；而爱的能力使她比一般人赢得更多。
>
> 如果生性喜好竞争，你一定忍不住要想，有朝一日你也能得到同那女孩一样的成功。但你必须得先了解，爱的喜悦远胜过胜利的滋味。若你能两者兼顾，那么也许你是个超人。

人生中有许多时刻，你表面上输了，但其实你是真正的赢家。

也许你将大部分的精力投注于世俗的目标上，也许现在你事业生涯快到终点，但是你也能专注地增加你内心里爱的能力。你下一个 20 年的目标是默默给予别人帮助、学习得到内心的平静，以感恩和谦逊去迎接命运所注定的好事，并以勇气接受并不那么美好的事。

为了达到那个目标，你得向各种想法开放。如果你对人生的见解是十分狭窄的，为了把某件事情办对，就得照你的方式去做。

但当你面对满天的繁星，面对晴朗的、阴晦的心情，你就会明白，原来世上的事你还有那么多不明白。我们只是这个世界微乎其微的一部分，只是生命长河里渺小的一滴，所以，我们在每走出一步的时候，不要以结果论成败，最重要的是过程，是你在旅途中所能采撷的任一朵小花。珍惜生活中所有的细小吧，或许每一种细微都代表一种成功。

■ 成功的意义不只是一个"赢"字

有些人天资颇高而成就平凡，有些人天资平谈成就却斐然。就连最大的天才，如果想单凭他特有的内在自我去对付一切，他也绝不会有多大成就。

——歌德

有一句话说得很对：成功的标准并非像大多数人想象得那么狭窄，关键在于清楚自己究竟想要得到的是什么……而不是按照社会的标准来界定成功的范围。

如果你只有单一的成功标准，则很可能为了达到这个目的而放弃甚至丧失一些做人的原则和生趣，变成既没有亲人也没有朋友的最成功的商人。

马克思说过："一个人通过自己的行动和努力，感受到了自己的力量，看到了自己的内心，就会获得美的愉悦。"他的话完全可以是我们探讨广义成功标准的总纲，因为它的核心是说一个人应该听从自己的本心去生活，去定义属于自己的成功标准。

如果我们能从以下的"一二三法则"做起，我们也可以拥有自己成功、痛快加独立的生活。

一是爱好。绝对不包括如旅游、阅读这样几乎每个人都可以称道的爱好，而应该是某种特殊才艺，比如摄影、养花、网球之类。

二是目标。绝对不包括如完成本月任务，攻下某种几乎每个人都可以定义的目标，而应该是基于挑战自身和不断进步的具体目标，比如学会制作点心、每月得到至少一次工作伙伴赞扬、减低二寸腰围之类。

三是朋友。绝对不包括基于利益目的结识的朋友，而应该是那种可以分担喜悦和痛苦，彼此肝胆相照，你会无私地为之提供帮助，而他们也很少拒绝你的要求的朋友，在他们那里，你不用说谢谢，不用算计，不用伪装自己。

以上的"一二三原则"，是个人生活中的"至爱亲朋"，也是达到世俗成功的催化剂，如果你还没有拥有一样，那请尽快加油；如果你已经全部拥有、恭喜你，也请多留些时间给"他们"吧。

"成功"是没有标准化答案的考题

我既没有突出的理解力，也没有过人的机智。只在观察那些稍纵即逝的事物并对其进行精细分析的能力上，我可能在一般人之上。

——达尔文

"成功"，是一种向上的、不停歇的精神。它从一个瞬间过渡到另一个瞬间、从一个状态到另一个状态、从一种"完成"迈向另一种"完成"。

"你的成功标准是什么？"

记得有一天，有人拿这个问题去问同龄的人们："你成功吗？你的成功标准是什么？"有人说："改行做哲学家。"有人说："有很多钱。"还有人说："没想过。"更有人说："现在还没成功，我想将来有一天假设如果万一……"他们总是不能给出一个相同的答案但均以调侃的口气作答。

是的，我们已经很久不习惯被问及如此庄重的问题，就像无法想象"成功"可以被"标准化"一样，一旦被"标准化"，它将像硕大的帽子，盖住生活的小小的身躯。我们总习惯于被问及有切肤之感、与生活本身息息相关的东西，如"开心吗？""混得怎么样？""打算买房子吗？"最新流行的话语则是"要不要提前还贷"。

"成功标准"是个古朴的词汇，它也许属于逝去的童年或梦想的精神家园，与某些光辉灿烂的词汇作为陪伴，激励着我们奋勇向前，当年华渐长，梦想跳跃的步子渐渐冷却和慵懒，我们逐渐对宏大的终局，漠不关心。我们只好运用排除法，先回答"我的成功标准不是什么"：

我们首先肯定的是我们自己的成功标准肯定不是别人的"成功"。因为我们知道，别人的成功永远无止境，"别人"的外延无限宽广。18岁之前，觉得考上北大清华的人很神勇；22岁之前，觉得托福670考上哈佛的是天才；甫入社会时，觉得丁磊和张朝阳是不可一世的英雄……然而，英雄如是，也有一泻千里，无语凝噎的时候，也有看着后辈野心家横空出世的时候，山外青山楼外楼，强中自有强中手。所以我们要定位一下成功在自己这里的标准。其次我们的成功标准，肯定不是置自己于"死"地而后快的"成功"。曾有个观念，叫"成功不是和别人比，而是和自己比，每天要长高，每天要有进步"。可你是朝天椒或登云梯吗？节节长高不舍昼夜？所以我们不能拔苗助长；我们有属于自己的土壤，所以不必千里流徙寻找"移植空间"；我们有适合自己生长的季节，20岁做20岁的梦，25岁赚25岁的钱，30岁享受30岁的平和，所以舍不得未老先衰或老而劳作……"成功"不是做只春蚕，竭尽能量抵死方休，因为我们还需要其他的能量，享受人世间其他温暖的感情。

我们的成功标准，肯定也不是看定时空里的一个标靶，瞄准、射击！生命的旅途上，我们在变化，标靶自然也要随之变化。曾经崇拜景仰的，有一天忽然会觉得，也不过如此！曾经熟视无睹的，有一天你可能会发现这是上天恩赐的最美妙的礼物。

成功并不代表你就可以高坐在一个静止的点上，夸夸其谈，我们所说的"成功"，是一种向上的精神气质。由一个又一个微不足道的细节串联而成，是绵延的状态而不是被量化的一个点，它又像一场马拉松循环赛，今天别人胜过我，明天我胜过别人，别人这个方面胜过我，我那个方面胜过别人，你追我赶、此消彼长，彼此制约与守衡。

光阴的竞技场上，竞赛者难分伯仲，但只要奔跑着，跳跃着，便是"成功"。

"成功"是生活本身，不是任何艳羡的目光、啧啧的惊叹，更不是豪宅名车、金宝珠宝堆砌而成的附属品；"成功"，不是要高高在上，不染纤尘的天堂。

"成功"，是许诺我们以安详的心不在纷纷乱乱中惶惑；但又要求我们在物质奔流的世界里有所作为，得以维护这样的安宁。

"成功标准"，是终有一天，不再有人指着某个标杆对未来的青年人说："这就是成功，你一定要这样，才算成功。"因数我们不想被"标准"化，更不想为了"标准"而成功。

想到不如做到

想象只能是空想；未来怎样要看你现在的行动；今天、现在、马上，开始行动。

在阿凡提的故事中，有这样一个笑话：

有一个巴依老爷，他有一颗鸡蛋，看着这颗鸡蛋，他就在想：真棒，鸡蛋可以孵出小鸡，小鸡长大了还可以下更多的鸡蛋，更多的鸡蛋就孵出了更多只鸡，鸡又会生蛋，蛋生鸡，鸡生蛋，啊！光是想着，自己的面前就好像看到了黄灿灿的金币，自己住上了华丽的宫殿……

突然"啪"的一声，鸡蛋掉在地上，碎了，他的一切梦想都变成了泡影。

这是多么愚蠢的一件事，如果只是空想，什么也不会得到。要想自己的想象成为现实，就得拿出一些真正的行动来，改善你的人生，改善你的生活质量。

席第先生，第二次世界大战之后不久，进入美国邮政局的海关工作。他很喜欢他的工作，但5年之后，他对于工作上的种种限制、固定呆板的上下班时间、微薄的薪水以及靠年资升迁的死板人事制度（这使他升迁的机会很小），愈来愈不满。

他突然灵机一动。他已经学到许多贸易商所应具备的专业知识，这是他在海关工作耳濡目染的结果。为什么不早一点跳出来，自己做礼品玩具的生意呢？他认识许多贸易商，他们对这一行许多细节的了解不见得比他多。

自从他想创业以来，已过了10年，直到今天他依然规规矩矩地在海关上班，依然对现实不满意，依然每天都在想着自己的玩具生意，但是，只是想着，10年以来，他没有为自己的理想做过一件事，所以他仍在"想"，也仅是在"想"。

你的人生中有多少个10年，就在一眨眼中就不见了，你这辈子就在平平淡淡中浪费了你的生命，千万不要幻想，千万要下定决心，因为你的人生取决于你所做的决定。

面对繁重的工作和事业，有的时候你会心情紧张，担心自己做不好，总感觉没有信心。出现这些情绪和想法是正常的，因为你有自己希望达到的目标，紧张和担心正是伴随着这个愿望出现的，这个愿望越强烈，你的紧张和担心就会越明显。如果将精力花费在消除紧张或为紧张和担心而苦恼的话不仅浪费时间而且与愿望背道而驰。然而行动却由我们支配，况且唯有行动才有可能实现我们的目标。当你紧张时，担心没有希望时，只要将它看成仅仅是另外的一种情绪和想法而已，将精力投入到扎实的学习中，利用好每一分钟，做些实实在在的事情，比如一道习题、一个单词。想实现你的目标，紧张担心没有用，只有投入到每天的学习工作中，才有可能实现你的愿望。

青春追逐理想，信念是永恒的支撑，坎坷孕育美好的向往，磨难造就人生。

我们每个人都对明天怀有一片赤诚，也会为美好洒下努力和幸福的泪水，那么从现在开始，让我们去做吧，心动不如行动，让我们用平凡而坚定的脚步去打造对行动的忠诚！

■ 做第一个吃"西红柿"的人

本来无望的事，大胆尝试，往往能成功。

——莎士比亚

你可曾听过关于西红柿的故事：原本在我们生活中常见的西红柿，当初并不是用来做食物的，它原产南美洲，当地人给它起了个可怕的名字——狼桃。长期以来，人们谈"狼桃"而色变，望之而生畏，到了 16 世纪，英国公爵俄罗达里去美洲旅游，回国时勇敢地摘了一颗"狼桃"作为礼品，带给他的情人伊丽莎白女王。从此，狼桃被欧洲人冠以"爱情的苹果"之称。18 世纪，法国有位画家在为西红柿写生时，见它芙蓉秀色，浆果艳丽，逗人喜爱，动了品尝西红柿的欲念，冒险吃了一颗，食后不但没有任何不适，反觉甜酸可口。从此，开创了西红柿食用之途。那么好吃的西红柿，现在家家户户都爱吃的蔬菜，真不能想象当初竟然被人们那么畏惧。如果不是当初有这位公爵与画家先生的勇敢，也许如今我们还不知道这么美味的一种食品呢！他们的勇敢，使人类的饭桌上多了一道好菜。

其实生活中好多东西都是需要尝试的，拓荒者首先要有足够的勇气和魄力，我们生活中的很多事物都是因为某些勇敢者的努力才拥有的。

正是因为一个又一个勇敢向未知挑战的人，我们才拥有了现在的文明！

乐根成，湖南凯达集团董事长兼总裁，湖南浏阳花炮股份有限公司副董事长。获湖南省"十大杰出青年企业家"、湖南省"百名优秀私营企业家"称号，担任湖南省工商联副会长、民盟长沙市委常委、东南大学董事会董事、省体改委研究会理事等社会职务。

乐根成 1966 年 12 月生，湖南宁远县人，他曾先后在长沙市机床铸造厂、五金文具厂工作过。1990 年，他毛遂自荐到团省委下属房地产企业工作。这时的房地产基本上处于空白，但房屋交易的坚冰已破，乐根成敏锐地觉察到了这一商机，东挪西借筹到 5000 元钱成立了"房地产信息部"，凭着他个人的毅力与智慧，成了远近小有名气的"中介博士"。1992 年，牵头成立了华宇房地产公司，并成功地开发了"金三角小区"，创下了开工仅 3 个月即告售罄的佳绩。1994 年，他舍弃已取得的辉煌，另起炉灶，自创凯达（湖南）房地产开发有限公司，开始了自己的创业历程。

1998 年，乐根成看到房地产过热时盲目上马的产物"胡子工程"愈来愈多，长沙市的"胡子工程"就多达 70 余处，积压资产达 10 亿元以上，不仅影响市容市貌，还严重扰乱了房地产市场秩序。乐根成从中觉察到了其中于国于民于企业都有利的巨大商机。于是他连续启动了两处大的"胡子工程"，由于开发得成功，取得了相当可观的经济效益，被誉为三湘大地"启动胡子工程第一人"。公司因此实力大增，声誉鹊起。

勇敢者正是在别人不敢下手的地方，看到了机会，看到了商机，看到了成功。

任何一位伟人都是和我们一样普通和平凡的，他们之所以伟大就在于他们敢于探索的勇气之上。

要积极尝试新事物，就必须摈弃苟且偷安的观念，改变必将带来许多风险。你也许认为自己脆弱得经不起摔打，如果涉足一个陌生领域，就会碰得头破血流，这是一种错误的观点。当你身处逆境时，你就知道你可以依靠自己战胜困难，这时你会发现消除生活中的一些单调的常规，倒会减少你精神崩溃、厌倦生活的可能。然而，如果你不断给自己的生活寻找一些未知的因素，你的生活就增添了许多调味剂，你也会变得更加充实、上进，而不会选择精神崩溃，上进需要勇敢。

你足够勇敢吗？那就吃第一只西红柿吧。

荷兰 ING 集团大中华区总裁安泰人寿保险的潘荣昌先生说："前人的路，我不走。"

被誉为保险奇才的潘先生，25 岁时跨入保险行业，只花了 3 年时间就考取了香港第一张英国精算师执照。从 34 岁起，他先后担任马来西亚和我国香港、"台湾"地区三家不同保险公司的总经理，1987 年底只身来到"台湾"创立安泰人寿，仅 10 年的工夫就将其经营成资产、效益等综合评比在亚洲 87 家保险公司中名列第一的"寿险王国"。此后他又进军内地，在上海成立太平洋安泰人寿保险有限公司并出任副董事长。在他 53 岁那年，遇到了事业上最大的挑战："台湾"安泰被具有 155 年历史的荷兰 ING 集团购并。面对人生最难的去留抉择，在众人都看好他肯定会"跳槽"的情况下，他毅然决然地选择了留下，以自己出色的职业道德和管理经营才干让新老板刮目相看，很快升任 ING 集团大中华区总裁，并成为该集团中唯一的亚裔董事，事业掀开了更加辉煌的一页。

潘先生用一生的实践见证了自己的话，他绝不跟随别人的脚步，因为他知道跟随别人的脚后跟，只能当第二，而且还是个很辛苦的第二，当自己想要有所行动时，并不依循前人的脚步去走，而是做与众不同的事，只有做与众不同的事，才会没有互相比较的压力，也较能自我发挥。

但一般人都喜欢寻着别人的脚步走，很少有人愿意迈出自己的第一步，这样在不知不觉中，自己往前迈进的步伐被局限了。

成功的路不是别人给你预备好的，而是自己走出来的。

自己走出来的成功路会与别人的"不一样"，世界因为"不一样"而精彩。因为有这些努力"不一样"的人而更精彩。

如果一个人没有趁着热情高昂的时候采取果断的行动，以后他就再也没有实现这些愿望的可能了。所有的希望都会消磨，都会淹没在日常生活的琐碎忙碌中，或者会在懒散消沉中流逝。

敢为天下先

天下绝无不勇敢地追求成功，而能取得成功的人。

——拿破仑

中国的孩子从小就受到过一种教育——无论父母还是老师都会告诉他们做事一定要谨慎小心，不要对什么都充满好奇，不要管闲事。这恐怕与中国人的隐忍有关系，中国人做事的原则是宁在土中生，不在云中活。就连老祖宗们也给我们传下了这方面的教诲："做事要三思而行"，"不要去做无把握之事"，"不要冒险"，"千万不要涉足于未知领域"……这么多人都这么说了，幼小不懂事的我们自然把这些话奉为至理名言，不带怀疑地全盘接受。

于是，这种早期的教育给我们幼小的心灵造成了一种心理障碍，致使我们在许多方面束手束脚，放不开自己的步子，无法达到自己的目标，不能得到期望的幸福。历史上能够留存下来的伟大事迹，都是些勇于探索未知，并向无知做出挑战的人。20世纪著名的物理学家，提出"相对论"的爱因斯坦，他就是一个毕生探索未知世界的人。他曾说：

"我们所能经历的最美好的事物便是神秘的未知。它是所有艺术和科学的真正源泉。"

其实，神秘的未知不仅是科学与艺术的源泉，也是人的发展与激情的源泉。正是因为对未知的渴望，人类才不断地向前迈进着步伐，从想象月亮上的嫦娥到人类登上月球，从火药的研制到宇宙飞船的开发，无一不是人类对于未知的探索，正是因着未知的神秘，人类才源源不断地涌现出各种英杰俊才。

冒险，对于每个人来说，是一个很难做出的决定，毕竟人们对于危险都有一种躲避的本能，谁能料到冒险的前方有什么样危险在等待我们呢！但是，有危险，才有收获，只有勇敢地面对随时出现的危险的人，才能收获最后的成功。有这样一个故事：

龙虾与寄居蟹都是海里的住户，有一天，他们在海中相遇，那时正是龙虾在换壳的时间，寄居蟹看见龙虾把自己的硬壳脱掉，露出了娇嫩的肉。寄居蟹很吃惊，甚至是无法理解："龙虾，你怎么把壳脱掉了，这可是保命的工具呀！难道你不怕大鱼一口把你吃掉吗？还有，还有，就算没有大鱼，你这肉嫩的身躯，一阵急流过来把你冲到岩石上去，你都可能变成虾泥！"

龙虾好笑地回答："你呀！可真是杞人忧天，告诉你吧，我们龙虾的生长规律跟蛇有点类似，它们需要蜕皮，我们需要换壳。我们每长大一些，就必须脱掉旧壳，这样我们才能生长出新壳，一个更坚固的外壳，现在面对一些危险，我们将来才有更多的本钱呀！要在这个海洋中生存，不提高自己的本领是难混下去的！"

龙虾的话让寄居蟹细心思量了一下，自己与龙虾是多么不同呀！自己所想的只是找个可以生存下来的地方，而从没有想过怎样才令自己变得更强壮，万一有一天找不到寄居的地方，等待自己的恐怕只有死亡。自己的一生永远是活在外物的保护之下，这种日子虽然安逸，但难长久。如果自身不求发展，在大海中，迟早成为别人的食物。所以它决定是该想想今后如何增强自己力量的时候了！

每个人都有要跨越目前状态的渴望，但是能真正迈出自己步伐的却很少，因为很多人给自己画了一条线，告诉自己不要跨越这条线，线这边自己才安全。这是自己限制了自己靠近成功的机会。请不要划地自限，勇于接受挑战充实自我，你一定会发展得比想象中更好。

多数人都喜欢坦途捷径，当然这样可以节省很多力气，而且永远享受小桥流水的平淡与安稳的幸福，但是就像他们所面临的现状一样，有了溪水的平缓，他们就失去了领略险峰风光的机会，这样的人从不改变现状，也未品尝到战胜风险的狂喜。

在第一次世界大战中，有一位突击队长在任务回程中受伤，地点是火线上。敌人密集的枪弹把他躺着的地方封锁得密不透风，似乎在说，看看有谁敢来救他。连长征求两名志愿者去救他。结果全连都跨步向前。少校选择了两名兵龄最大的士兵。这两个人果然不负众望，一寸一寸地匍匐着爬到伤者身边把他拖救了出来。

一个精锐的部队，队员大多数都把生死置之度外去接受特别艰险的任务。他们认为那是一种荣誉。一直躲在战壕的人是一点也感受不到刺激的。伸出你的头看一看，你会有完全不同的感受。是的，只要你把头抬高一点，你的日子再也不单调乏味了。

当你敢于想得更伟大，敢于要做一个伟大的人物。你将拥有更丰富的生命。世界上到处充满机会，敢于冒险必然会有丰富的收获。在科学方面、宗教方面、实业方面、教育方面，到处都需要有勇气面对困难的人才。迫切需要的是攻击的人才，而非防御型的人才。

要记住走得更远的人常是愿意去做、愿意去冒险的人。不管世事怎样难缠，不管生活有多艰辛、道路有多坎坷，永远不要屈服，永远不要认输，只要你全心全意地付出，用尽心力付出，那么请相信，车到山前必有路，船到桥头自然直。别担心付出之后没有回报，其实，凡是你所付出的生活都会以另一方式回赠你，只要你的付出是真诚的、毫不保留地。

■ 先人一步，赢得机会

夜把花悄悄地开放了，却让白日去领受谢词。

——泰戈尔

纵观人生，先人一步者总是首先获得成功，面对机会时，他们从不犹豫；面对生活，他们从不等待。他们有一个行动准则，无论什么事，只要接手，就立即开始行动。的确，机会很重要，你对机会的反应同样重要。当机会来临时，反应敏捷的人是先人一步抓住机遇。因为机会不等人，稍纵即逝，再者机会对别人也是公平的，中央电视台"幸运52"栏目的口号就是"谁都有机会"，那么最终谁能抓住机会呢？答案是反应敏捷就会"捷足先登"。

有3个人在一条道上走，前进的方向一样，迈步的速度也差不多，忽然，他们发现前方地上有一个闪亮的东西，发出金灿灿的光。"是个金币"，三人头脑中同时蹦出这个想法，但是，其中一个人眼神凝固在了金币上！另一人大叫一声："金币。"而第三个人一个箭步上前，俯身把金币捡到自己手里。

你看，摆在三个人面前的明明是一样的机会与成功，但是却只有第三个人拿到了"金币"，因为他手快。生活中机遇不少，但是不能立即通过行动去抓住机遇，最终与没有发现机遇一样。

美国在线—时代华纳公司董事会主席斯蒂夫·凯斯也曾经说过，他是一个机会主义者，一旦发现合适的机会就会毫不犹豫地采取措施。正是基于这个信条，他从原来的AOL董事长变成了AOL时代华纳董事长。

行动才能决定一切，行动拥有巨大的力量。但是，行动却有一个天敌，那就是犹豫。犹豫会阻挡人们行动的脚步，阻挡成功的到来。

而果断是对付犹豫的一个化解，假如你能养成果断决定的习惯，你在做出决断时就一定能运用最聪明的判断力，如果一旦你以为决定是可以伸缩的，不到最后一刻都是可以重新考虑的时候，你将永远无法养成正确可靠的判断力。

相反，当你做出决定毫不犹豫，当你断绝一切后路坚决采取，当你对自己做出一个不健全不成熟的判断痛苦不堪，当你小心谨慎于自己的判断，当这些神秘的感觉出现一种或同时出现，那么很高兴地告诉你，你的判断力在提升。

　　李恩夫妇都很年轻，大约20几岁，他们有小孩，但是收入并不多。而且他们全家住在一间租来的小房子里，生活空间很狭小。夫妇两人渴望有一套自己的新房子。

　　一天，当李恩交下个月的房租时，突然很不耐烦，因为房租跟新房子每月的分期付款差不多。李恩对太太说："下个礼拜我们去买一套新房子，你看怎样？"

　　"你怎么突然想到这个？"她问，"开玩笑！我们哪有能力！可能连头款都付不起。"

　　但是他已经下定决心，"我们一定要想办法买一套房子，虽然我现在还不知道怎么凑钱，可是一定要想办法。"

　　下个礼拜他们真的找到一套俩人都喜欢的居室，朴素大方又实用，首付款是5万。现在的问题是如何凑够5万元。他知道无法从银行借到这笔钱，因为现在虽说可以贷款买房，但是手续实在复杂，不是任何人都能够贷到款的。

　　可是皇天不负有心人，他突然有了一个灵感，直接找开发商谈谈，向他借私款。他真的这么去做。包销商起先很冷淡，由于李恩一再坚持，他终于同意了。他同意李恩5万元的借款按月偿还1000元，利息另外计算。

　　现在他要做的是，每个月凑出1000元。夫妇两个想尽办法，一个月可以省下500元，还有500元要另外设法筹措。

　　这时李恩又想到另一个点子。第二天早上他直接跟老板解释这件事，他的老板也很高兴他要买房子了。李恩说跟老板说是因为要付房子的利息，所以他必须多赚一些钱，他想问公司是否有一些工作可以在周末完成，他可以加班。他的老板对于他的诚恳和雄心非常感动，真的找出许多事情让他在周末工作10小时，李恩夫妇因此欢欢喜喜地搬进新房子了。

李恩先生当机立断，不再等待下去，所以他得到了自己的新房子。而城市里与他们家境相似的有几十万户，但真正住上自己的房子的只有一半，为什么会这样呢？因为只有等待是解决不了问题的，行动起来，你就会发现实际问题没有看起来那么严重，行动起来就可以解决了。

有了自己的好想法，就要立刻付诸行动。否则再好的想法，不去实施，一切都是妄谈。

许多创富者总是"夜里想了千条路，白天还照老路行"。每天都有许多人把自己的新构想取消有或埋葬掉，因为他们不敢执行。过了一段时间以后，这些构想又会回来折磨他们。

天下最悲哀的事情莫过于："我当时真应该那么做却没有那么做。"这个借口说得再多，对你来说，除了把你那美好的创意计划无限期地拖延以外，它没有任何意义。

所以，行动起来，别找借口。现在就准备好，立即行动！

■ 何必担心，最坏不过回到原点

在一个人生命的初始阶段，最大的危险就是：不冒风险。

——克尔恺郭尔

有一位保险推销员，做得很成功，于是人们向他请教这么成功的秘诀，他告诉人们，这是因为他当初接受行销训练师的培训时，训练师告诉他的一句话。训练师当时要求他想象自己正站在即将拜访的客户门外。训练师说："很好，现在你正站在客户的家门口。那么，接下来，你应该到哪里去呢？"他回答道："我想进入这位客户的家中。"

训练师接着说："当你进入客户家里之后，你想想看，最坏的情形会是怎样呢？"这位保险推销员说："最坏的情形，也许是被客户赶出来吧。"

训练师又道："那么，被赶出来后，你站在哪里呢？""就……还是站在客户家的门外啊。"

训练师听到他的回答，说："很好，那你被客户拒绝之后也只不过是站在现在这个位置上，这还是最坏的结果，也不过是回到原处，那么，你还担心什么?"的确,最坏也只不过是回到原点。任何人在做事情时都可能失败,但最坏的结果也只是一切又回到开始的状态,重新来过就行了,你并没有损失什么,相反还增加了不少工作经验和人生体验,一切只不过从头再来。

许多成功的企业家在经历了许多障碍和挫折后,他们总是勇敢地面对并克服一个又一个困难。并没有浪费时间担心这担心那,不怕失败。史蒂夫·乔布斯便是这样一个人。

作为苹果计算机公司的创始人之一,乔布斯开始苹果计算机的开发是基于这样一个强有力的观念——把计算机推广到普通市民的手中。后来因为一些事情,乔布斯被迫退出苹果公司,但是这并没有给他造成什么损失,他依然精神饱满,稍作调整后,又开始了人生的攀登,他组建了内克斯特公司。内克斯特公司是计算机行业中最为强大的竞争者之一,它根本无视计算机硬件工业中的那些殊死竞争,而是以自己的方式发展着。现在,内克斯特公司正不断为苹果计算机提供操作系统(因为苹果公司已转入软件和因特网应用上),以帮助苹果公司重新振兴起来。

乔布斯紧接着组建了"皮克萨尔电影制片公司",这又是乔布斯引人注目的大事件。该电影公司曾制作了《玩具总动员》这部划时代的电影。在"皮克萨尔"向世人公布那天,乔布斯总资产已超过了12亿美元。在乔布斯整个的奋斗历程中,他不得不做的是:积累资金,雇佣最优秀的人,向世界证明"皮克萨尔"是一个世界级的动画片公司,签署重要合同,在公众面前代表公司等。同时,乔布斯又把"皮克萨尔"创造为一个具有一流工艺的计算机绘图生产基地,而这在他创立"皮克萨尔"以前,就已经考虑到了。现在,乔布斯只是义无反顾地把设想变成了现实。从乔布斯的经历,我们可以看出他的成功是直接与他面对和克服逆境的能力相关联的,乔布斯的困境对其他许多人来说是难以想象的,在同样的环境下,他们可能很早就放弃了。

乔布斯的故事说表明他是一个不懈的攀登者。

每个人都会遭遇困难与挫折,关键看你以什么样的心态对待,你坚毅的决心会吓退那些迷惑妨碍你心灵的魔鬼,会帮助你克服许多困难与阻碍。怀疑与恐惧,在你坚毅的灵魂面前早逃之夭夭。

一切妨碍胜利的阻碍,被你扫荡干净后,你是何等轻松!

一个敢于在危险的人生高峰攀登的人,其性格中必定注入了坚强的意志,这决定他能够实现自己的目标。

在通往成功的人生征途中，有这样三种人：放弃者、半途而废者和攀登者。

放弃者从一开始就惧怕困难，因此，他们拒绝前行，成为永远的落伍者；而半途而废者可能经受了很大的挫折才获得他们现在的地位，他们现在所拥有的东西也是通过努力奋斗才获得的，但不幸的是，由于逆境使他们开始权衡危险和收获，他们觉得付出太大，收获又太小。这样，半途而废者放弃了勇敢的前行，他们停止了脚步。另外还剩一种人，那便是攀登者。

和另外两种人相比，攀登者也遭遇逆境，也面临坎坷，但他们并不惧怕和气馁，他们在困难中奋力前行，永不言败。当然，攀登的代价是很大的，谁都不会掩饰这一点，但攀登者的收获同样也是很大的。至于那些胆怯懦弱的放弃者和执迷不悟的半途而废者，他们将付出比攀登更大的代价，他们将不会知道自己能干什么以及能完成什么，他们对自己未来的可能性不会有任何的认识。

人生如逆水行舟，不进则退。强者虽然逆水而行，但也要顶住压力继续前进。纵观成功者的足迹，我们可以看到，许多成功者来自于不利的环境，他们生活过的世界也就是被逆境淹没的世界，成功者正是从这样的世界中走出来的。

成功是不会等待你的，在你烦恼的时候，那些充满信心，用行动改变自己命运的人，已经有所成就了。而此时你又烦恼了：他们行动太快了、条件太好了，他们已经在这方面取得了成功，我可能永远也不会成功了，我该怎么办啊？

行动本身会增强信心，烦恼只会带来恐惧。克服恐惧最好的办法就是行动。

在创业的路上或走向创业之路之前，有各种困难在阻碍你，有各种诱惑引诱你，有人劝告你，有人警告你，如果你动摇了，你就失败了！你只有坚定不移才有回报。

不必担心，失败算什么，最坏也只是回到原点，一切可以从头再来。

现在就付诸行动

只有行动才能决定我在商场上的价值。

——阿瑞丝

人生有好多风景，千万不要让生命错过。

有一位数学家，对学问有着很刻苦钻研的精神，每一个问题他都能想上很久很久。

这位数学家的名气很大。尤其是他钻研学问的精神吸引了众多的追随者。有一天，一个美丽的姑娘来到他的面前，说："伟大的先生呀，让我作你的妻子吧，我这么爱你，错过我，你再也找不到比我更爱你的女人了。"

数学家也很喜欢她，但是这么大的事情，总要仔细地考虑清楚才行。就对她说："让我考虑考虑！"

姑娘走后，数学家拿出他一贯研究学问的精神，将结婚和不结婚的好、坏所在分别列下来，然后仔细斟酌其中的优劣得失，研究了半天，才发现好坏均等，这该如何抉择？于是，他又再次反复论证，以期求出一个结果，为此他陷入长期的苦恼之中。

后来他的一个朋友实在看不下去了，就说："人若在面临抉择而无法取舍的时候，应该选择自己尚未经验过的那一个，不结婚的处境你是清楚的，就是你现在这样。但结婚会是个怎样的情况你并不知道。你应该拿出实践的精神，去亲身研究才对！所以，你应该答应那个女人的央求。"

数学家觉得朋友说得有理，才不再彷徨，来到了那个向他求爱的女人的家中，但是那个女人已经不住在这里了，在5年前她就死了。女人的母亲说："你为什么不早点来呢？我的女儿一直在等你！每天每天她都盼着你来！结果你一直没有来。她绝望了，承受不住这种悲伤，已经伤心地死去！你为什么不早点来呢？"

是呀，"你为什么不早点来呢？"多么深刻的一句话呀！当你心爱的女孩还没有出嫁的时候，你为什么不来追求呢？当市场还没有被别的商家占领的时候，你为什么不早来呢？当一项新的科学研究还在萌芽的时候，你为什么不快来争取呢？当……

可惜人生不会给你后悔药吃，如果你不赶紧抢占位置、社会的大舞台上注定没有了你的席位。

朋友，面对人生，一定要有当机立断的决心，别让生命错过。

行动是成功者打开成功之门的钥匙。只坐在那儿想打开人生局面，无异于痴人说梦，只有靠自己的双手，行动起来，才能有成功的可能性。

机会总是偏袒于那些敢闯敢拼的人。即使机会还没有来临，我也要现在就去行动！在行动中寻找机会，比等待机会降临更抢占了一步先机。也许我的行动不会带来快乐与成功，但是行而失败总比坐以待毙好。行动也许不会结出快乐的果实，但是没有行动，所有的果实都无法收获。

有一个野心勃勃却没有作品的作家说："我的烦恼是日子过得很快，一直写不出像样的东西。""你看，"他说，"写作是一项很有创造性的工作，要有灵感才行，这样才会提起精神去写，才会有写作的兴趣和热忱。"

说实在的，写作的确需要创造力，但是另一个写出畅销书的作家，他的秘诀是什么呢？

"我用'精神力量'，"他说，"我有许多东西必须按时交稿，因此，无论如何不能等到有了灵感才去写，那样根本不行。一定要想办法推动自己的精神力量。方法如下：我先定下心来坐好，拿一支铅笔乱画，想到什么就写什么，尽量放松。我的手先开始活动，用不了多久，我还没注意到时，便已经文思泉涌了。"

"当然有时候不用乱画也会突然心血来潮，"他继续说，"但这些只能算是红利而已，因为大部分的好构想都是在进入正规工作情况以后得来的。"

"明天"、"下个星期"、"以后"、"将来某个时候"或"有一天"，往往就是"永远做不到"的同义词。有很多好计划没有实现，只是因为应该说"我现在就去做，马上开始"的时候，却说"我将来有一天会开始去做"。

如果你时时想到"现在"，就会完成许多事情；如果常想"将来有一天"或"将来什么时候"，那就将一事无成。

只有行动才能开创美好的明天。

虚心永远有益

骄傲自负的人常常认为，世界上如果没有了他，人们就不知该怎么办了。但实际上，这样的人避免不了失败的命运，因为一骄傲，他们就会失去为人处事的准绳，结果总是在骄傲里毁灭了自己。

你有没有洋洋得意的时候？什么事使你骄傲？你见过自己骄傲时的样子没有？骄傲最后给了你什么，荣耀，还是痛苦？你研究过其中的原因吗？

生活中，一个无法回避的事实是，每一个人的能耐总是十分有限，没有一个人样样精通，所以，人人都可在某些方面成为我们的老师。当自以为拥有一些才艺时，你要记住，你还十分欠缺，而且会永远欠缺。不然，失败就离你不远了。

从前，有一位博士搭船过江。

在船上，他和船夫闲谈。

他问船夫说："你懂文学么？"船夫回答说："不懂。"

博士又问："那么历史学、动物学、植物学呢？"

船夫仍然摇摇头。博士嘲讽地说："你样样都不懂，十足是个饭桶。"

不久，天色忽变，风浪大作，船即将翻覆，博士吓得面如土色。

船夫就问他："你会游泳么？"博士回答说："不会，我样样都懂，就是不懂游泳。"

说着船就翻了，博士大呼救命。船夫一把将他抓住，救上岸，笑着对他说："你所懂的，我都不懂，你说我是饭桶；但你样样都懂，就不懂游泳；要不是我这个饭桶，恐怕你早已变成水桶了。"

据一位心理学家观察，骄傲的态度起源于"不知自己从哪里来"。人哪，飞，飞不过鸟；游，游不过鱼；跑，跑不赢豹；力，争不过熊……就一个"万物之灵"，以及莫名的"优越感"，骄傲的心态于是诞生。

看看我们的周围，骄傲的人一定觉得自己比别人优越，有些是凭"外貌身材"，有些是靠"才华"，有些是比"思想"，有些是比"物质"、比"财产"、比"势力"，总之，言行举止，就是己长人短。

永远不要自满

有一个错误不可放过，那就是夸夸其谈的过分自信。宁肯谦虚些、扎实些。

——伏龙芝

在生活中我们经常会遇到这样一种人，他们总喜欢指出别人的缺点，说人家这做得不合适，那也做得不够，似乎他什么都行，对什么都可以说出一个大道理来。其实，这只是一种自满的表现，他们之所以摆出一副"万事通"的面孔来，就是怕被别人藐视，用这种习惯来显耀自己，以此来提高自己的地位，可是这样做的结果只会让人敬而远之，甚至遭人厌恶。

南隐是日本明治时代著名的禅师，有一天，一位学者特地来向南隐问禅，南隐以茶水招待，他将茶水注入这个访客的杯中，杯满之后他还继续注入，这位学者眼睁睁地看着茶水不停地溢出杯外，直到再也不能沉默下去了，终于说道："已经溢出来了，不要倒了。""你的心就像这只杯子一样，里面装满了你自己的看法和主张，你不先把你自己的杯子倒空，叫我如何对你说禅？"南隐意味深长地说。

南隐禅师教导的"把自己的杯子倒空"，不仅是佛学的禅义，更是人生的至理名言。一个人如果自满，觉得自己什么都会，就必然导致什么都装不下，什么都学不进去，就像茶水溢出来一样，再也不可能学习到更新更多的知识了。

每个人总是把自己看得很重要，但事实上，少了他，事情往往可以做得一样好。所以，自大历来的后果就是成事不足，败事有余。你要切记这样一个道理：自大是失败的前兆。

有一只刚做好的风筝，它的主人把它带到郊外，让它冉冉上升，升到极高的天空。

看着一望无际的天空，风筝心里十分兴奋。可是突然它发觉不能再往上升了，低头一看，原来是主人不再放手里的线。

风筝很生气，心里想："为什么要这样抓住我？如果你再放松些，我可以飞得更高！"

于是，它挣扎着想往上再飞，当它在空中激烈地抖动时，由于用力过度，突然线断了，风筝在高空中摇摇摆摆，翻了一个大筋斗后就往地面坠落。这时，吹来一阵强风，风筝被吹到一棵大树上，此时已破得不成形了。

自大往往不是空穴来风，自大的人总有一些突出的地方作为资本。这些突出的特长，使他们较之别人有一种优越感。这种优越感到达一定程度，便使人目空一切，不知天高地厚。

一只乌龟常常羡慕老鹰可以在天空自由翱翔，于是，它要求老鹰带它一起飞上天。老鹰答应了它。

于是，老鹰要乌龟用嘴紧紧地咬住它的脚，而且不可开口说话，当它们飞到天空时，引起地上许多动物啧啧称奇，不但有羡慕的眼光，更有赞美的声音，乌龟听了很得意。

此时，它听见有人问："是谁这么聪明，想出这个好方法？"

此时，乌龟心花怒放，完全忘了老鹰的交代，迫不及待要告诉别人这是它想到的方法，刚要开口，便从空中摔了下来。

骄傲易招致败坏，得意就容易忘形。骄傲让人常栽跟头。

《圣经》上说：骄傲在败坏之先，狂心在跌倒之前。历史人物当中，骄傲自大的为数不少，看着他们的事迹，对你一定有所启发。

关羽的忠勇刚强，在当时天下闻名。他屡建奇功，当世罕有能敌者。但是，"颇自负，好凌人"却是他致命的弱点。

刘备在益州时，马超从关中来降，关羽写信给诸葛亮，询问马超的才能。诸葛亮回信道："马孟起文武双全，雄烈过人，一代俊杰，是黥布、彭越一类的人物，可以和益德并驾齐驱，然而不及美髯公的超群绝伦。"关羽得到书信后很高兴，并把此信给宾客将吏们观看。

刘备称汉中王后，拜关羽为前将军，张飞为右将军，马超为左将军，黄忠为后将军，当时费涛受命将任命送往樊城前线，但关羽看不起黄忠，勃然大怒说："大丈夫决不与老兵同列。"再三不肯接受印绶。后来，因费涛极力劝说，关羽才接了前将军的印绶。

关羽之骄在襄樊之战初期达到了登峰造极的地步。

这一年，樊城地区一连下了十几天雨，汉水暴溢，将樊城团团围住，驻扎城外的曹军营屯尽被淹没。关羽乘战船猛攻曹军，将曹操派来助守樊城的大将于禁俘获，又擒杀曹军大将庞德。关羽除了猛烈围攻樊城之外，接着派兵围困襄阳。曹操所置荆州刺史、南厂太守，都投降了关羽；许都以南也纷纷响应，遂造成关羽"威震华夏"的声势，以致曹操也曾想将都城迁往黄河以北，以避关羽之兵锋。

关羽在这时本应加倍警觉，保持审时度势的清醒头脑。但他由于骄傲自负，不能很好地团结部众，而麻痹轻敌。而东吴大将吕蒙就针对他的这一弱点，设下了一套袭取荆州的计策。关羽先是被曹操大将徐晃战败；继而吕蒙渡江袭取江陵、公安，他的南郡太守麋芳和将军傅士仁，兵不血刃便投降了，以免受关羽所曾扬言的回师后的严惩。之后，由于蜀军刘封、孟达都拒绝救援他，关羽最终败走麦城，被吴军活捉杀身。

有一个成语叫"虚怀若谷"，意思是说，胸怀要像山谷一样虚空。这是形容谦虚的一种很恰当的说法。只有空，你才能容得下东西，而自满，除了你自己之外，容不下任何东西。

俗话说："天外有天，人外有人。"保持一颗谦逊的心，更能时刻前进。

■ 做一串谦虚的谷穗

不炫耀自己本领的人才是真有本领。

——拉罗什富科

我们看体育比赛，知道一个运动员要跳高，就必须先蹲下，没有人可以直着双腿而跳得高的。一个运动员在田径比赛时，特别是短距离比赛时，要跑得快，就必须先弯下腰，向前倾斜力度更大。因为这样会跑得更快。

大凡成功的人在遇到瓶颈时，他会以退为进，退也是一种谦虚。

好心态成就好人生

真正有大成就者，成大事业者无不是谦虚好学的人。当他们开始骄傲的时候，他们立即就会想到谦虚，他们会以谦卑的心态、感恩的心态去面对任何一件事情，任何一个人。

谦虚是一种美德。一个真正谦虚的人即使在成功的时候，也知道他必须感谢许多人。山外有山，楼外有楼，强中自有强中手。无论你今天多么优秀，事业多么成功，你一定还可以找到比你更优秀、比你更成功的人。当你想到还有那么多的人比你成功，而且心态比你好，你还会有资格骄傲吗？有句话很粗俗，但我觉得说得非常好："当一个人弯下腰的时候，他的臀部是往上翘的。当一个人越谦虚，表示这个人越成功，最饱满的谷穗头低得最沉。"

三国时期，邓艾以奇兵灭西蜀后，不觉有些自傲起来，司马昭对他本就有防范之心，现在看他逐渐目空一切，怕久而久之事有所变，于是发诏书调他回京当太尉，明升暗降，削夺了他的兵权。

邓艾虽有点军事谋略，却少了点知人、自知的智慧，他既不清楚自己处境的危险，也不明白自己何以招来麻烦。他只想到自己对魏国承担的使命尚未完成，还有东吴尚待自己去剿灭，因而上书司马昭说："我军新灭西蜀，以此胜势进攻东吴，东吴人人震恐，所到之处必如秋风扫落叶。为了将养兵力，一举灭吴，我想领几万兵马做好准备。"他喋喋不休地阐述自己灭吴的计划，无疑是在引火烧身的同时，又火上加油。

司马昭看其上书心更存疑，他命人前去晓谕邓艾说："临事应该上报，不该独断专行封赐蜀主刘禅。"邓艾争辩说："我奉命出征，一切都听从朝廷指挥。我封赐刘禅，是因此举可感化东吴，为灭吴作准备。如果等朝廷命令来，往返路远，迁延时日，于国家的安定不利。《春秋》说，士大夫出使边地，只要可以安社稷、利国家，凡事皆可自己做主。邓艾虽说不上比古人更具节义，却还不至于干出有损国家的事。"

邓艾强硬不驯的言辞更加使司马昭疑惧之心大增，这时，那些嫉妒邓艾之功的人找到了攻击的机会，纷纷上书诬蔑邓艾心存叛逆。司马昭最后决定除掉邓艾。他派人把邓艾秘密杀害。

明人陆绍珩说："人心都是好胜的，我也以好胜之心应对对方，事情非失败不可。人都是喜欢对方谦和的，我以谦和的态度对待别人，就能把事情处理好。"

有一个人寿保险公司的推销员，他曾经多次向一位客户推销保险，任凭他磨破了嘴皮，跑烂了皮鞋，客户就是不买他的账。但就在最近，他听说那位客户投保了另一家保险公司，而且数额不小。推销员百思不得其解。这是为什么呢？原来在他第一次向客户推销不成离开时，他说了一句表示决心的话："我将来一定会说服你的。"而那位客户也回敬了一句："不，你做不到——毫无希望！"推销员就这样失去了一笔大生意。

如果这位推销员早知道以下的中国古人所说的做人原则，他就可能不会犯这个错误了。

无论是推销商品，还是说服人做某事，都要记着这个原则。我们要让别人同意自己，就要考虑到对方和我们一样，有好胜的愿望，有受到尊重的要求，有需要顾全的脸面。

做人一定要谦虚随和，只有这样，才能使你得到更大利益，获得更大成功。

老子曾经告诫世人："不自见，故明；不自是，故彰；不自伐，故有功；不自矜，故长。"这句话的大意是，一个人不自我表现，反而显得与众不同；一个不自以为是的人，会超出众人；一个不自夸的人会赢得成功；一个不自负的人会不断进步。

的确，你谦虚时就显得对方高大；你朴实和气，他就愿与你相处，认为你亲切、可靠；你恭敬顺从，他的指挥欲得到满足，认为与你配合得很默契、很合得来；你愚笨，他就愿意帮助你，这种心理状态对你非常有利。相反，你若以强硬姿态出现，处处高于对手，咄咄逼人，对方心里会感到紧张，做事没有把握，而且容易让对方产生一种逆反心理，使交往和工作难以继续。

不论你想要取得什么样的成功，谦虚都是必要的品质。在你到达成功的顶峰之后，你会发现：谦虚真的十分重要。因为只有谦虚的人才能得到智慧。

■ 谦虚是一种力量

只有坚强的人才谦虚。

——赫尔岑

许多人对于谦虚这个重要的品质不以为然。事实上，谦虚是一种积极有力的品质，如果妥善运用。能够使人类在精神上、文化上或物质上不断地提升与进步。

谦虚是基督教义的精髓。因为谦虚，甘地使印度独立自由，施韦策为非洲人创造了更美好的世界。

谦虚是人性中的美德，也是驯服人、驾驭人的最大要领。领导虽身居高位，而能礼贤下人，就能得到人才、人心。

汉高祖刘邦首次见郦食其时，让两位女子替他洗脚，郦食其责备他以傲慢的态度见长者，刘邦马上停下，站起来表示感谢，于是，改变了开始傲慢的态度，而以礼对人。所以郦食其为他效死力。

不论你的目标为何，如果你想要获得成功，谦虚都是必要的品质。在你到达成功的顶峰之后，你会发现谦虚更重要。只有谦虚的人才能得到智慧。聪明的人最大的特征是，能够坦然地说："我错了。"

真正的谦虚，是自己毫无成见，思想完全解放，不受任何束缚，对一切事物都能做到具体问题具体分析，采取实事求是的态度，正确对待；对于来自任何方面的意见，都能听得进去，并加以考虑。这样的人能做到在成绩面前不居功，不重名利；在困难面前敢于迎刃而上，主动进取。他们的谦虚并不是卑己尊人，而是既自尊，也尊人。

为人处世，不要太卑微，也不要太倨傲，这样都是走向了极端。其实，做人应该既不失礼于人，也不卑躬屈膝；既要自尊自重，也不要傲慢无礼；既不可心无定性，专抢着跟人打招呼，也不要立定主意，专等人家打招呼。与人相处时，对随和的人你要礼貌，使人感受到你的友善；对傲慢的人你要不屈从，使人能正视你的尊严。遇有支配性强的人，你不妨巧妙地顶他几次，以打乱他的心理定式，破坏他的行为惯性，免得自己老是生活在对方霸气的阴影下。这就是真正的谦虚。

意大利的达·芬奇在《笔记》中感叹道："微少的知识使人骄傲，丰富的知识则使人谦逊，所以空心的禾穗高傲地举头向天，而充实的禾穗低头向着大地，向着它们的母亲。"其实，人们不应为自己已有的知识和成绩感到骄傲，容器的容量是有限的，假如人能够保持谦虚的心态，则人的心胸可以扩展到无限。人们如能谦虚处世，无疑可以掌握更多的知识，取得更大的成绩。

众所周知，爱因斯坦是个名满天下的科学家，据说有一次他的学生问他说：“老师的知识那么渊博，为何还能做到学而不厌呢？”爱因斯坦很幽默地解释道：“假如把人的已知部分比做一个圆的话，圆外便是人的未知部分，所以说圆越大，其周长就越长，他所接触的未知部分就越多。现在，我这个圆比你的圆大，所以，我发现自己尚未掌握的知识自然也比你多，这样的话，我怎么还懈怠得下来呢？”

为了启发人们谦虚处世，俄国的列夫·托尔斯泰也做了一个很有意义的比方：“一个人就好像是一个分数，他的实际才能好比分子，而他对自己的估价好比分母，分母越大，则分数的值越小。”

因此，一个人不管自己有多丰富的知识，取得多大的成绩，推而广之，或是有了何等显赫的地位，都要谦虚谨慎，不能自视过高。应心胸宽广，博采众长，不断地丰富自己的知识，增强自己的本领，进而获致更大的业绩。如能这样，则于己、于人、于社会都有益处。成功者尚且谦虚，更何况我们这些正为成功而拼搏的人呢？

一个人成功的时候，还能保持清醒的头脑，而不趾高气扬，他往往会取得更大的成功。

当迪普把议长之职让出来，以拥护林肯政府的时候，在一般人看来，由于他对党的贡献，不知该受到多么热烈的欢呼、称赞才好。他说：“傍晚我当选为纽约州州长，一小时之后又被推选为上议院议员。不到第二天早晨，好像美国大总统的位置，便等不及让我的年纪足够后就落到我头上了。”他用这种调侃，善意地批评了别人对他的夸大赞扬。

虽然迪普那时很年轻，但是头脑却很清醒，并不因为别人对他的那种夸张的称赞而自高自大。即使在那时，他还是能保持他那种真正的伟大的特性——不因为别人的奉承而趾高气扬。

你能承受得住突然的飞黄腾达么？要衡量一个人是否真正有所成就，就要看他能否有这种承受的能力。福特说：“那些自以为做了很多事的人，便不会再有什么奋斗的决心。有许多人之所以失败，不是因为他的能力不够，而是因为他觉得自己已经非常成功了。他们努力过、奋斗过，流血牺牲战胜过不知多少的艰难困苦，凭着自己的意志和努力，使许多看起来不可能的事情都成了现实；然后他们取得了一点小小的成功，便经受不住考验了。他们懒怠起来，放松了对自己的要求，往后慢慢地下滑，最后跌倒了。在古往今来的历史上，被荣誉和奖赏冲昏了头脑，而从此懈怠懒散下去，终至一无所成的人，真不知有多少……"

如果你的计划很远大，很难一下子达到。那么，在别人称赞你的时候，你就把现在的成功与你那远大的计划比较一下，相比将来的宏伟蓝图，你现在的成功还只是万里长征路途的第一步，根本不值得去夸耀。这样一想，你就不会对此前的一点小成就沾沾自喜了。所以，在可能实现的前提下，你的计划要大得连别人都来不及称赞。你的计划是如此之大，以致在刚刚开始的时候，一般人对于你的称赞，都表明他们还没有窥见你计划的初衷。

洛克菲勒在谈到他早年从事煤油业时，曾这样说道："在我的事业渐渐有些起色的时候，我每晚把头放在枕上睡觉时，总是这样对自己说：'现在你有了一点点成就，你一定不要因此自高自大，否则，你就会站不住，就会跌倒的。因为你有了一点开始，便俨然以为是一个大商人了。你要当心，要坚持着前进，否则你便会神志不清了。'我觉得我对自己进行这样亲切的谈话，对于我的一生都有很大的影响。我恐怕我受不住我成功的冲击，便训练我自己不要为一些蠢思想所蛊惑，觉得自己有多么了不起。"

我们开始成功的时候，能够在成功面前保持平常心态，能够不因此而自大起来，这实在是我们的幸运。对于每次的成功，我们只能视其为一种新努力的开始。我们要在将来的光荣上生活，而不要在过去的冠冕上生活，否则终有一天会付出代价的。

月盈则亏，水满则溢

你不谨慎，已经泄露了你内心的秘密。你用自己的两片嘴唇告发了自己，这比你的敌人控告你更有分量。

——歌德

孔子年轻的时候，曾经拜老子为师请教学问。在谈到怎样为人处世时，老子说了一句话："良贾深藏若虚，君子盛德，容貌若愚。"这句话的意思就是：善于做生意的人，总是把珍贵的宝货隐藏起来，不让人轻易看到；有修养、品德高尚的人，往往在表面上显得很愚笨。

好心态成就好人生

老子的这句话中其实隐含着做人的深刻道理，他是在告诫人们：不要傲慢无礼，务必谦虚谨慎，过分自高自大或对人炫耀自己的能力，是非常有害的。

韩信是刘邦手下的一员大将，对汉朝的建立堪称功不可没。他在汉中献计出兵陈仓，平定三秦，率兵破魏，俘获魏王豹；又领兵破赵，斩杀成安君，捉住赵王歇。还收降燕王，扫荡齐地，力挫楚军。最后刘邦在垓下消灭楚霸王项羽，也主要靠韩信率军前来合围，才大获全胜的。

司马迁说，汉朝的天下，有三分之二是韩信打下来的。这句话并非虚言。可是，韩信虽然如此功高盖世，最后却落得被刘邦杀死的结局。这究竟是什么原因呢？

追究起来，最主要的是因为韩信不能谦逊自处，越来越自高自大。韩信早年是一个很能克制忍让的人，曾经受地痞无赖的欺负，受过"胯下之辱"，因而更加激发了上进心，能够忍辱负重。可是，随着他受到刘邦的重用，才能不断得以施展，他的野心也越来越大，可说是傲气十足。

曹参、灌婴、张苍、傅宽等人，原来都是韩信的部下，但在汉朝建立后都纷纷得以裂土封侯，与韩信平起平坐。见此情景，韩信心中难免愤愤不平。樊哙是一员猛将，又是刘邦的连襟，每次韩信来访问他，他都是"拜相送"。不过，由于樊哙出身不好，早年只是一个卖狗肉的，所以韩信一出门，总是要说一句："我今天倒与这样的人为伍！"韩信矜功自傲的心情，溢于言表，完全没有了当年甘受"胯下之辱"的低姿态。

这样，韩信终于一步步把自己送上了绝路。后人评价说，如果韩信不矜功自傲，不与刘邦讨价还价，而是谦虚谨慎，自隐其功，退避三舍，那么，刘邦再狠毒恐怕也不会向他这个大功臣下手的。

"月盈则亏，水满则溢"，这是自然界的道理；"谦受益，满招损"，这是人世间的常情。不管一个人的才华多么出众，但如果他喜欢自我炫耀、骄傲自大，都必然招致别人的反感，最终吃大亏而不自知。而那些本领不高却狂妄自大的"半瓶醋"，则更加令人贻笑大方了。

所以，人立身处世，必须谦虚谨慎，温良恭让，善于隐匿，虚怀若谷，不矜功自夸，不肆意张扬，这样才能很好地保护自己，并受到别人的欢迎和拥戴。

谦虚谨慎让我们无往不利

人们把自己想得太伟大时，正是在显示本身的渺小。

——歌德

骄傲自满是我们前进中的绊脚石，它就像有色眼镜一样，使我们看不到别人的闪光点，自以为是，止步不前。这对正处于成长过程中的我们尤为有害。

骄傲自大的人无意中会在自己与外界之间树起一道无形的"城墙"，形成与外界的隔膜，这使我们变得狭隘、自私、目中无人，如井底之蛙，看不到更广阔的世界。

伊索寓言中有个故事：有一只狐狸喜欢自夸自大，它以为森林中自己最大。

傍晚，它单独出去散步，走路的时候看见一个映在地上巨大的影子，觉得很奇怪，因为它从来没有看过那么大的影子。后来知道是它自己的影子，就非常高兴。它平常以为自己伟大，有优越感，但一直找不到证据可以证明。

为要证实那影子确实是自己的，它就摇摇头，那个影子的头部也跟着摇动，这证明影子是自己的没有错。它就很高兴地跳舞，那影子也跟着它舞动。它继续跳，正得意忘形时，来了一只老虎。狐狸看到老虎也不怕，就拿自己的影子与老虎比较，结果发现自己的影子比老虎大，就不理它继续跳舞。老虎趁着狐狸跳得得意忘形的时候扑过去，把它咬死。

饿昏头的人有时真的会相信，在本来空无一物的地上看见了食物。由于尊严匮乏造成幻象，也常使人错生"优越感情结"的海市蜃楼。从这种错误的心理出发，表现出自以为是、我比你行、刚愎自用的傲慢态度。幻象总是比较显著地出现在一个人生命中最自卑的地方，以便身体的平衡系统帮他从自卑的郁结中解放出来。

骄傲是对自己缺乏信心的表现。自信与自傲，有时只有一线之隔。

高傲并不是自尊或自信，而是过度的自我意识使然。有一位哲学家说："一个人若种植信心，他会收获品德。"一个人若种下骄傲的种子，他必收获众叛亲离的果子，甚至带来不可预知的危险，就像那只自夸自大、自我膨胀的狐狸一样。

高傲也是脆弱的表现，并且很不幸的，它是自卑的一种常见变相。高傲

的人喜欢摆架子，抬高自己，装腔作势。

人因自谦而成长，因自满而堕落。成功固然值得自豪，然而自傲就是自暴，自满就是自弃。老子《道德经》中说："生而不有，为而不恃，功成而不居。"又说："功成名遂，身退，天之道。"如果成功之后，只知自我陶醉，而迷失于成果之中停滞不前，那就是为自己的成就画下句号。

富兰克林这位美国哲学家与科学家早就说过："骄傲是一个人要除掉的恶习。"

成功常在辛苦日，败事多因得意时。切记！不要尽想出风头，要等风头来找你出！一个人的成绩都是在他谦虚好学、伏下身子扎实肯干的时候取得的，一旦骄气上升自满自足了，那么他必然会停止前进的脚步。

现实当中，有些青少年，由于年轻气盛，易于产生自满情绪，往往取得了一点成绩，就沾沾自喜。要知道，谦受益，满招损。

有人会说，大凡骄傲者都有点本事，有点资本。你看，《三国演义》中"失荆州"和"失街亭"的关羽和马谡不是都熟读兵书、立过大功吗？这种说法其实是只看到了事情的表面，而没看到事情的本质。关羽之所以"大意失荆州"，马谡之所以"失街亭"，不正是因为他们自以为"有资本"而铸成的大错吗？

好心态成就好人生

奥地利在滑铁卢战役前夕已经看出了法国即将战败的端倪，这是奥地利王朝所不愿看到的结果，为此它暂时没有加入新的反法同盟，而是派出外交大臣进行调解，希望法国与反法同盟握手言和。应当说，这对法国是十分有利的，也是争取奥地利至少保持中立地位的良机。但拿破仑却被自己以往的胜利蒙蔽了眼睛，他认为自己继续作战必胜无疑。因此，他不仅不把奥地利外交大臣梅特涅的意见放在眼里，反而认为这是对他的一种侮辱，他怒火中烧，大骂奥地利外交大臣梅特涅："啊！梅特涅！你说说，英国给了你多少钱，让你扮演这个角色来反对我？好吧，让战争爆发吧！再见吧，我们在维也纳再见吧!"

这种侮辱对欧洲的一个大国来讲是无法忍受的，奥地利很快便投入了同盟国的怀抱，随之而来的便是法军的惨败。

傲慢是一把自杀的利剑，有多少人因为自己的傲慢而一意孤行，最终败走麦城。面对自己所取得的成绩应该自豪，再接再厉，但不能被这些成绩冲昏头脑，以致最后一败涂地。

所以我们要时刻保持谦虚的头脑，颗粒饱满的稻穗是低着头的，只有空瘪的稻穗才昂着头。

我们说，一个人有一点能力，取得一些成绩和进步，产生一种满意和喜悦感，这是无可厚非的。但如果这种"满意"发展为"满足"，"喜悦"变为"狂妄"，那就成问题了。这样，已经取得的成绩和进步，将不再是通向新胜利的阶梯和起点，而成为继续前进的包袱和绊脚石，那就会酿成悲剧。

在这个世界上，谁都在为自己的成功拼搏，都想站在成功的巅峰上风光一下。但是成功的路只有一条，那就是学习，不过这条路很拥挤。在这条路上，人们都行色匆匆，有许多人就是在稍一回首，品味成就的时候被别人超越了。因此，有位成功人士的话很值得借鉴："成功的路上没有止境，但永远存在险境；没有满足，却永远存在不足；在成功路上立足的最基本的要点就是：'学习，学习，再学习。'"

有一角力高手，浑身足有360种招数，每逢比武，灵活变化，交替使用，所以，每次出手都各不相同。他最喜欢的是长得英俊的那个小徒弟。他把自己的本事教给他359种，只保留一招未传。小徒弟力大无比，学成后谁也敌他不过。

好心态成就好人生

后来，小徒弟跑到国王面前夸下海口，说："我之所以不愿胜过师傅，只因敬他年老，又看他毕竟是自己的师傅。其实，我的本领和力气，绝不比师傅差。"

国王见他这样目无师长，很不高兴，令他师徒二人当着满朝达官贵人的面，进行比武。那青年耀武扬威，不可一世地走进赛场，像头愤怒的大象，仿佛他的对手是一座铁山，他也会把他推倒。

他的师傅见他力气比自己大，只好使出留下未传的那最后一招，一把将他扭住。他还不知怎样招架，就已经被师傅举过头顶，抛在地上。满场的人都欢呼叫好。国王赏赐师傅一袭锦袍子，并斥责那青年说："你妄想和你师傅较量，可是你失败了。"

徒弟说："陛下！他胜过我并不是凭力气。而是用他留下没教的那一点儿小本事，才把我打败的。"师傅说："我留下这一招，为的就是今天。圣人说过：'不要把本事全部教给你的朋友，万一他将来变成敌人，你怎样抵挡得住？'还有个从前吃过徒弟亏的人说过：'也不知是如今人心改变，还是世上本来没有情义。我向他们传授射箭技艺，最后他们却把我当作天上的飞鹄。'今天看来，我当时的决定是对的。"徒弟听完后羞愧难当。

真正有本事，胸怀大志的人是不容易骄傲的，这是一个人的修养达到较高境界的表现。倒是那些胸无大志的人，一知半解的人，很容易骄傲。至于骄傲的本钱，有大有小，有的甚至根本没有，也会凭空骤生骄气，如一个有趣的寓言所说的，长颈鹿因为能吃到几米高的树叶而骄傲，而小山羊则因可以从篱笆缝隙里钻进去吃草而骄傲。这说明：骄傲的程度与愚蠢的程度成正比，与成功的概率成反比！要想在成功的道路上走得既坚定又稳健，必须戒骄戒躁，永不自满。千万不要做半瓶子醋，要以一种空杯为零的态度虚心学习，养成求取上进的良好学习习惯，这样，我们才会在有所成绩的基础上更进一步，才会有成功路上坚实的步履。

退一步会有更多选择

"进"与"退"都是处世行事的技巧，是"圆"。"方"则是恰到好处的中庸之道，把握中庸，便有了进与退的判断标准，是进是退都有章法。该进的时候不进会失去机遇，该退的时候不退会惹来麻烦，甚至是祸害。

依方圆之理行进退之法有一层意思，就是妥当地进退。"进"不张扬，直奔要害；"退"不委屈，妥善收场。

飞鸟尽，良弓藏；狡兔死，走狗烹；敌国破，谋臣亡。既能功成名就，又能远灾避祸是修身处世的秘诀。世间一切事物都在不断变化，时世的盛衰和人生的沉浮也是如此，必须待时而动，顺其自然。这就意味着，为人处世要精通时务，懂得"激流勇进"和"急流勇退"的道理。

在古代，有不少真正的权谋家都懂得"功成名就身退"的道理，在开创伟业、大展宏图、实现夙愿之后，简单地"一退"，避开了灾祸。

春秋时期，吴越争雄，范蠡在越王勾践身为人奴之时，鼎力效忠。在忍耐了漫长的屈辱之后，越王勾践终于得以东山再起，一举灭掉了吴国，重建越国。

而立下赫赫功劳的范蠡在庆功宴上，却悄悄带着西施，乘一叶扁舟消失了。临走前，他曾托人送过一封信给他的好友文仲，信上说：狡兔死，走狗烹；敌国灭，谋臣亡。越王这人能容忍敌人的欺负，可不能容有功的大臣。我们只能够同他共患难，却不能同他共安乐。你现在不走，恐怕将来想走也走不了。

可惜，文仲没有听其劝告，最后被勾践逼死。临死对天长叹，痛悔自己没有听范蠡的话，而落得"烹狗"的结局。

与文仲相反，范蠡带着西施和一些财宝珠玉，弃官经商，改名换姓，跑到齐国去了。几年后，成为百万富翁，后人称其为商圣陶朱公。

范蠡和文仲的一退一进，正好说明了"退"的机会含义。范蠡的"退"，为自己创造了更好的机会，而文仲的"进"，其结果却是死路一条。

老子说："持而盈之，不如其已；揣而锐之，不可常保；金玉满堂，莫之能守；富贵而骄，自遗其咎。功成名遂，身退，天之道。"它的意思是：始终保持丰盈的状态，不若停止它；不停地磨砺锋芒，欲使之光锐，却难保其锋永久锐利；满屋的金银珠玉，很难永恒地守护住它；人富贵了就会产生骄奢淫逸的心理，反而容易犯错误。功成名遂则应隐退，此乃天理。它提醒人们功成名就、官显位赫后，人事会停滞，人心会倦怠，业绩也不会进展。应立即辞去高位，退而赋闲。否则，说不定会因芝麻小事而被问罪，遭到晚节不保的厄运。

由此可见，凡有高尚气节的君子，都不会一味地贪图富贵安逸，在适当时机，都能主动退出舞台。为后来者提供大展宏图的余地。

进退之术，古人多有阐发，像"进一步山穷水尽，退一步海阔天空"，"以退为进，以赶为退"，如此等等。

世上的一切事物，认真去琢磨，都有其规律可循，月不常圆，花不总红，物极必反。曾国藩深谙此道，所以，当他功成名就封为一等侯爵，世袭罔替之时，他怕树大招风，引起朝廷猜忌，怕人说他拥兵自重，所以，自己先行一步自我裁军。这一计谋，果然奏效，朝廷没有了顾虑，曾氏家族也求得了安定。

荀子说，人生如果到了"往左，你能应付裕如；往右，你能掌握一切"这样的境界，就不会枉为人生了。大丈夫有起有伏，能屈能伸。起，就直上九霄；伏，就如龙在渊；屈，就不露痕迹；伸，就清澈见底。漫漫人生路，有时退一步是为了跨越千重山，或是为了破万里浪；有时低一低头，更是为了昂扬成擎天柱，也是为了响成惊天动地的风雷；如此的低一低头，即便今日成渊谷，即便今秋化作飘摇的落叶，明天也足以抵达珠穆朗玛峰的高度。明春依然会笑意盎然，傲视群雄。

综观世界历史，大凡能成就伟业者，无不是深谙进退规则之人。退而不隐，强而不显，大智慧者往往掌握了进退方圆的秘诀，为众人敬仰。知晓进退，懂得方圆，是我们能于历史的潮涌中以应万变的法宝。同时，也是立身处世的至高方略。大凡能成就伟业者，无不是深谙进退规则之人，他们能够洞悉别人的意图，审视自己的处境，从而进退自如，将胜券牢牢握于掌心。

绕道而行也是一种人生智慧

高高低低的是人生。走在高处时留点余地给低处；走到低处时，留点余地给高处。

——任惠敏

当我们在生活中遇到走到路的尽头、无路可走的情况时，运用智慧，回过头来，绕道而行便可以找到一条新路了，所以世上只有死路，没有绝路，而我们之所以会往往感到面对"绝路"，那是因为我们自己把路给走绝了，或者说我们的思路狭隘，缺乏"绕道"的意识。

《孙子兵法》中说："军急之难者，以迂为直，以患为利。故迂其途，而诱之以利，后人发，先人至，此知迂直之计者也。"这段话的意思是说，军事战争中最难处理的是把迂回的弯路当成直路，把灾祸变成对自己有利的形势。也就是说，在与敌的争战中迂回绕路前进，往往可以在比敌方出发晚的情况下，先于敌方达到目标。

美国硅谷专业公司曾是一个只有几百人的小公司，面对竞争能力强大的半导体器材公司，显然不能在经营项目上一争高低。为此，硅谷专业公司的经理决定避开竞争对手的强项，抓住当时美国"能源供应危机"中节油的这一信息，很快设计出"燃料控制"专用芯片，供汽车制造业使用。在短短5年里，该公司的年销售额就由200万美元增加到2000万美元，成本由每件25美元降到4美元。由此可见，尽管人人都期待着以最快的速度获得最大的成功，然而在激烈的竞争中每前进一步都会遇到困难，很少有人能直线发展，因此迂回发展是大多数成功者走过的制胜之道。

在日常生活和工作中，我们也应有迂回前进的概念，凡事不妨换个角度和思路多想想。世上没有绝对的直路，也没有绝对的弯路。关键是看你怎么走，怎么把弯路走成直路。有了绕道而行的智慧和本领，弯路也成了直路了。

学会绕道而行，拨开层层云雾，便可见明媚阳光。也许你曾经奋斗过，也许你曾经追求过，但你认定的路上红灯却频频亮起。你焦急，你无奈，都不如绕道而行！

绕道而行，并不意味着你面对人生的红灯而退却，也并不意味着放弃，而是在审时度势。绕道而行，不仅是一种生活方式，更是一种豁达和乐观的生活态度和理念。大路车多走小路，小路人多爬山坡，以豁达的心态面对生活，敢于和善于走自己的路，这样你永远不会是一个失败者，而是像一头剽悍机智的苍狼，为自己的人生开创出一条新生之路。

　　人生之路是直的好，还是弯的好？恐怕没有几个人愿多走弯路。人们总是幻想越直越好。然而，"若将世路比山路，世路更多千万盘"，人生之路，还是弯的多直的少。

　　西欧一些国家的高速公路，即使横贯一马平川的大平原，也不是笔直的，他们是能直也不直，直也要取弯。在穿过地处平原的城市时，虽然地下道不足百米，却也是一眼看不到头。也许有人会问山道弯弯，那是无可奈何，而平道为什么也弯弯呢？这是因为弯路可以使司机在高速行驶中，始终保持警惕性，集中精力开车，可以减少车祸发生。在西欧发达国家里家用汽车犹如我们的自行车，一到节假日，高速公路上的车流量成倍增加，而且不限速，但车祸很少。除了西方人严格按交通规则行车外，也应给"弯路"记上一功，这就是西方人的智慧。

好心态成就好人生

行路之人，遇到弯路时，自然会顺路而行，而这种做法同样适用于生活，即绕着圈子达到目标，换个说法就是不走直线走曲线。

有些话不能直言，便得拐弯抹角地去讲；有些人不易接近，就少不了借人搭桥；搞不清对方葫芦里卖的什么药，就要投石问路、摸清底细；有时候为了使对方减轻敌意，放松警惕，我们便绕弯子、兜圈子，使用"王顾左右而言他"的迂回战术，便可将其套牢。

意大利知名女记者奥里亚娜·法拉奇就深谙此道。她以其对采访对象挑战性的提问和尖锐、泼辣的言辞而著称于新闻界，有人将她这种风格独特、富有进攻性的采访方式称为"海盗式"的采访。迂回曲折的提问方式，是她取胜的法宝之一。

在采访南越总理阮文绍时，她想获取他对外界评论他"是南越最腐败的人"的意见。若直接提问，阮文绍肯定会矢口否认。法拉奇将这个问题分解为两个有内在联系的小问题，曲折地达到了采访目的。她先问："您出身十分贫穷，对吗？"阮文绍听后，动情地描述小时候他家庭的艰难处境。得到关于上面问题的肯定回答后，法拉奇接着问："今天，您富裕至极，在瑞士、伦敦、巴黎和澳大利亚都有银行存款和住房，对吗？"阮文绍虽然否认了，但为了洗清这一"传言"，他不得不详细地道出他的"少许家产"。阮文绍是如人所言那般富裕、腐败，还是如他所言并不奢华，已昭然若揭，读者自然也会从他所罗列的财产"清单"中得出自己的判断。

阿里·布托是巴基斯坦总统，西方评论界认为他专横、残暴。法拉奇在采访他时，不是直接问他"总统先生，据说您是个法西斯分子"，而是将这个问题转化为"总统先生，据说您是有关墨索里尼、希特勒和拿破仑的书籍的忠实读者"。从实质上讲，这个问题同"您是个法西斯分子"所包含的意思是一样的。转化了角度和说法的提问，往往会使采访对象放松警惕，说出心中真实的想法。它看上去无足轻重，但却尖锐、深刻。

在现实生活中有不少人是"直肠子"、"一根筋"，为人处世"碰倒南墙不回头"，十头公牛也拉不回来。这样的人当是人生缺智少谋的例子。建议这些人不如学点迂回术，让自己的大脑多几个沟回，多点智慧，肠子多几个弯弯绕，神经多长些末梢。一言以蔽之：多绕几个圈子也许会在人生中得到最大的实惠。

退让是最好的进攻

进退无仪，则政令不行。

——管仲

米洛斯岛居于地中海心脏地区，它的地理位置具有十分重要的战略意义，斯巴达最初统治了米洛斯。雅典慢慢地成为地中海的主宰，想要与米洛斯结盟，共同对付斯巴达，但是米洛斯人拒绝与雅典结盟，于是，雅典决定攻打米洛斯。在发动全面攻击之前，雅典使节前去劝服米洛斯人投降。米洛斯不肯投降，坚信斯巴达人不会坐视不管的。雅典使节警告他们：保守又现实的斯巴达民族是绝对不会帮助米洛斯的，抵抗只能遭受更多的损失。

雅典人说："弃暗投明是明智者最好的选择，我们提供的条件是很合理的，屈服于希腊这样伟大的城邦，应该是一种荣耀，而不是耻辱。"最后，米洛斯还是拒绝了雅典的提议。

之后，在雅典军队入侵米洛斯的斗争中，斯巴达并没有伸出援助之手。在雅典的猛烈攻击下，米洛斯人最后选择了投降。为了惩罚米洛斯人，雅典人将米洛斯族所有男子一律处死，女人和小孩卖为奴隶。

弱小的势力如果能够正确地把握自己，就可以成为强大的势力。米洛斯人如果顺从了雅典，就能够成为和雅典一样强大的力量，结盟对米洛斯人大有好处，但是他们却错过了这样的机会。强者往往在一段时间后就会成为弱者，事实上雅典在几年后就衰微了。因此，要努力使自己成为明慎的人，识时务是很重要的。

面对别人的欺压，人们往往选择用反抗来对付。其实，反抗的后果就是更大损失。如果采用忍辱负重的态度对待欺压，甚至弯下腰去，使自己的个子比别人矮一些，就会发现对方将因为你的退让而措手不及，因为他们期待的是你的全力反击。这个时候，你就可以控制局面了。

尊严是一个人最重要的东西，任何东西都能失去，唯有尊严不能。退让并不是屈服，并不是放弃尊严，千万不要因为退让而一蹶不振。要知道退让就是为了以后的进攻，时刻谨记这一点就能够保持控制能力。

以退为进的策略是最有力的武器，可以用来对付许多事。外表谦卑、逆来顺受在有些人看来是一种卑微的行为，事实并非如此。这其实是在争取足够的时间和空间来调整自己，等待时机谋划反抗。

春秋战国时期，越王勾践被吴王夫差打得落花流水。于是他投降了，成为吴王的仆人。他天天和吴王在一起，逐渐了解到吴王的弱点，并秘密策划了复仇计划。为了磨炼自己的意志，他每日卧薪尝胆。三年后的一天，勾践趁吴国大旱、内部发生动乱的时候突然发动了策划已久的兵变，光复了自己的国家。

利用投降接近对手，慢慢潜入对方内部；表面上顺从他们，内心依然保持自己的东西，会逐渐取得胜利。当对方认为你软弱无能时，就会放松对你的防范，这正是你迎头赶上的绝好时机。这种策略表面柔弱，实际上具有强大无比的力量。

知道如何等待的人具有深沉的耐力和宽广的胸怀。行事绝不要过分仓促，也不要受情绪左右。能制己者方能制人。在到达机会的中心地带之前，不妨先在时光的太空中漫游一番。明智的踌躇不定可使成功更牢固，使机密之事能最后开花结果。常言道："留得青山在，不怕没柴烧。"命运对能耐心等待的人会给予双倍的奖赏。

19世纪，西方贸易渐渐威胁了日本的独立性，日本人变得紧张起来，大家纷纷发表言论，商讨如何才能打败外国人，其中大臣崛田正睦写了一份备忘录，可谓是进退规则的有力阐释，并且影响了日本未来的政策走向。他写道："因为我相信我们的政策应该是缔结友好盟约，派遣船舰到世界各国进行贸易，同时仿效外国人的长处，弥补我们的不足；厚植国力，充实军备，然后逐渐扩大我们的影响，直到最后全世界所有国家都知道日本，而且承认我们的霸权。"

这是进退规则最辉煌灿烂的应用：利用投降得以接近敌人，学习他们的经验，慢慢潜入他们的内部；表面上顺从他们的习俗，但是在内心依然保持自己固有的东西，逐渐取得胜利。

这种表面柔弱，实际上渗透性十分强大的侵略方式是上上之策。在明治维新时期，如果日本强烈抵抗西方入侵，就可能会遭到摧毁性的侵略。以至于永久改变其文化传统，也就不可能有今天的繁荣和发达了。

此外，投降也是嘲弄敌人的一种方式。捷克小说家米兰·昆德拉的小说《玩笑》，是根据作者在捷克一座监狱的经历写成的，述说了监狱守卫如何安排一场接力赛跑，让守卫对抗犯人的故事。对于警卫而言，这是他们炫耀健壮体格的好机会，囚犯知道看守们指望他们输，因此毕恭毕敬地服从——动作非常夸张，但几乎没有移动，跑了几十米远就显得体力不支；而看守们全力冲刺、遥遥领先。借着输掉比赛，他们乖乖地服从警卫；然而他们的"过分服从"使整个事件变成了一种嘲弄，最终丧失了比赛的意义。

以迂为直，退中求进

有何不了更求僧，聋哑兼盲那解应。听取两松常说法，居然北秀对南能。

——刘墉

"以迂为直"出自《孙子兵法·军争篇》，这句话的本意是在无法走直路和捷径时，不妨走些弯路，通过迂回达到前进的目的。在两军相争的战场上，远和近、迂和直既是一定的空间概念，更与时间概念紧密相连。战场，是双方摆兵布阵的空间，远而虚者，易进易行，费时少，远而为近；近而实得，难攻难进，费时多，近而为远。

在现实生活中，放着直路不走，走弯路，无疑是个十足的傻瓜蛋儿。然而，在漫漫人生中，尤其是在官场生活中，两点间的最短距离往往不是直线，而是曲线。什么时候应当强硬，什么时候又需要妥协，都不是一成不变的，暂时的妥协不过是为了将来的强硬。因为面对悬崖峭壁如果直着走过去，不仅不能到达对面，反而会被摔得粉身碎骨。所谓"以屈求伸"、"以曲为直"、"以退为进"、"将欲取之，必先予之"等等，都是围绕着"迂"和"直"两个字做文章。

《菜根谭》中说："人情反复，世路崎岖。行不去处，须知退一步之法；行得去处，务加让三分之功。"不仅是一种谦让美德，更是一种安身立命、深谙进退之道的警世箴言。所以说，刘罗锅大智若愚糊涂之道中"以迂为直，退中求进"的进退谋略，实在是真正高明的人生大智慧。

世道人情变化多端，如同夏日的云彩，又如海市蜃楼，瞬息万变，诡幻百出。人生的道路更是崎岖不平。当你遇到困难走不通的时候，不妨"知退一步之法"，以刘罗锅大智若愚糊涂进退之道应之；当你事业一帆风顺时，也一定别忘了"让三分之功"的糊涂进退之道。

"伴君如伴虎"，在封建官场侍君为官，犹如达摩过江，时时徘徊在生死之间、沉浮之间、祸福之间，天堂和地狱往往就在那接踵而来的一瞬间。因此每走一步都必须小心谨慎，必须学会谦恭和礼让，不能处处都想占上风，事事都要露一手，前行的道路难行而无法行走时，退一步或许会海阔天空。人生得意的时候，不要一个人把便宜占尽，也应该把功劳让与别人一些，既不要居功自傲，更不能得意忘形。换句话说，人生之路有高有低，有曲有直。当你遇到挫折时，必须鼓足勇气继续奋斗；当你事业飞黄腾达之时，也不要忘记那些曾经同甘共苦之人。因为这样可以为你自己消除许多祸患于未然。"知退一步之法，加让三分之功"，不仅是一种谦让的美德，而且也是大智若愚糊涂进退之道的必修之课。

"退"是一种手段，是一种姿态，也是一种交换，更是一种条件！因此退也可以换取另一种形式的补偿。所以在某种情况下，退就是进，若能"退二进三"，那么退就能获得更大的效益。"退"，大有学问，能妥善运用必有大的获益，倒是当你看到对手退时，必须提高警觉，千万不要误认为这是你的胜利，因而得意忘形，这种误判所导致的失败常常是猝不及防，想都想不到的！

退是一种手段与权宜，而不是目的与逃避——能退就能进，有退就有进。

急于求成是常见的败因

积极的行动,积极的心态,是成功的动力,但还得学会用思考来调节速度,以免"欲速则不达"。

朋友小张,凡事喜欢快人一拍,干什么事都是如此。比如说哥儿几个出去吃饭时,他会在进饭馆前快走几步,然后转过身说:"我又超过你们了!"

有一次,我与他约好去军博看展览,我看时间差不多了,就出门坐上公共汽车。车到南礼士路时,另一辆公共汽车从我们这一辆车旁超了过去,我看到小张正在那辆车上对我笑呢。不一会儿,我的手机响了,我打开一看,是一条短信息,上面写着:"哈,超过你了!"

车到站了,我下车找小张,可怎么也找不到。奇怪,他超过我,应该比我先到呀!这时手机又响了,我打开一看,短信上写着:"真倒霉!我这车军博不停。"

这是生活中的一件琐屑之事,小张富于情调的表现,使生活充盈着更多的幽默与情趣。同时,也告诉我们,有时候生活中确实存在着"欲速则不达"的真谛。比如小张,想快人一拍,结果反而慢人许多。

■ 速成心理要不得

我们遇见的不是畏首畏尾的学究,就是急于求成的莽汉。

——歌德

速成心理是造成人们做事目的与结果不一致的一个重要原因。《论语·子路》里有一句著名的成语："欲速则不达。"意思是说一味主观地求急图快，违背了客观规律，造成的后果只能是欲速则不达。一个人只有摆脱了速成心理，一步步地积极努力，步步为营，才能达成自己的目的。同样，作为一个公司，要想在市场上有所作为，必定要先经过周密的准备布置，然后按照市场规律一步一步脚踏实地地奋斗，最终才有可能取得好成绩。

正如一位哲人所说的那样，急于求成是永远不会获得想要的效果的，只有脚踏实地才能获得最终的成功。

有一个小朋友，他很喜欢研究生物学，很想知道那些蝴蝶如何从蛹壳里出来，变成蝴蝶便会飞。

有一次，他走到草原上面看见一个蛹，便取了回家，然后看着，过了几天以后，这个蛹出了一条裂痕，看见里面的蝴蝶开始挣扎，想抓破蛹壳飞出来。

这个过程达数小时之久，蝴蝶在蛹里面很辛苦地拼命挣扎，怎么也没法子走出来。这个小孩看着看着不忍心，就想不如让我帮帮它吧，便随手拿起剪刀在蛹上剪开，使蝴蝶破蛹而出。

但蝴蝶出来以后，因为翅膀力不够，变得很臃肿，飞不起来。

蝴蝶以后再也飞不起来，只能在地上爬，因为它还没有经过自己奋斗，将蛹打开然后飞出来这个过程。

从这个脱蛹而出的故事中，我们能得到什么样的启示？

那只蝴蝶在蛹里面要破开蛹飞出来的时候，在最后的几小时中，要很辛苦地挣扎，而挣扎过程实际上是锻炼它那一对翅膀的过程，也是使它身体得以缩小的过程。

如果通过它的努力，最后它将这个蛹打开裂口，飞出来的时候，它便可以轻松自如。

但是这个小孩帮助它，用剪刀剪开蛹壳，蝴蝶轻而易举地出来了，可是它的翅膀没有经过在撕破蛹的过程中奋斗，是没有力的。所以这个小孩想帮蝴蝶的忙，结果反害了蝴蝶，是欲速则不达。由此不难看出，急于求成只会导致最终的失败，所以我们不妨放远眼光，注重自身知识的积累，厚积薄发，自然会水到渠成，达成自己的目标。

举一个一般的常识。大家都知道，如果你想上马一个项目，那么你必须经过这么几个阶段：前期的市场调查，详细考察当前的市场情况，掌握大量的一手资料，作为自己下一步开发项目的基础；拿出完善的方案，在市场调查的基础上，经过深思熟虑，形成完善的方案；周密的准备工作，有了方案，就得按照方案，进行事前周密细致的准备工作，包括工具、材料、设备、人员等等各方面；最后才是认认真真地实施阶段。

只有每一步都做得充分到位，你所要上马的项目才可能成为一个成功的项目，才能创造效益。要是你有了一个想法，就马上迫不及待地去进行，那么，且不要说创造效益，你的本钱能不能保住都是个问题。

蛹化蝶的例子，表面上是一个自然界里很小的事实，但是放大至我们的人生，我们的社会，我们今时今日所做的事业，都必须有一个痛苦的挣扎、奋斗的过程，这个过程本身就是将你锻炼得坚强，使你成长使你有力的过程。

对于"一万年太久，只争朝夕"的人来说，最容易犯的毛病就是"欲速则不达"。我们放眼看看这个社会，大多数人是知道这个道理，而最终大多数人是违背而行的。

造成这种速成心理主要有两方面的原因：一则人们过于追求眼前利益，二则享受生活变成了每个人追求的根本因素。

平时我们看到一些人急于求成的时候，总是以这句话来相告。但叫一个人自己去接受这句话的时候，却并不是一件容易的事情，很多的人只把你所说的当作耳边风，行事依然是我行我"速"，最后只能是导致失败。

事实上，很多历史上的名人也用过求速成的方法，但在追求过程中，又转向了下苦功。例如，宋朝的朱夫子是个绝顶聪明之人，他十五六岁就开始研究禅学。而到了中年之时，才感觉到，速成不是创作良方。于是他坚信"欲速则不达"这句话，之后下苦功，方获得了一定的成就。他有一句十六字真言："宁详毋略，宁近毋远，宁下毋高，宁拙毋巧。"为什么当今的人却无法做到这一点呢？因为当前更多人信奉的是："随主流而不求本质。"在追求的过程中丧失了自己的目的性，不追求人生最根本的目的，转而追求一些形式上的成功，正如一句话中所说的，瞬间的成就可以使人获得短暂的名利，但如果谈起永恒，无非只是皮毛之举。如果我们要成就一番事业，就必须静下心来，脚踏实地，摆脱速成心理的牵制，看清人生最根本的目的，一步一个脚印地走下去。

速成心理是我们实现目的的一大障碍。带有速成心理的人往往会有下面几个特点：

（1）急于求成，恨不能一日千里

速成心理自古有之。例如春秋战国时期的齐景公就是很典型的一个例子。有一天齐景公正在渤海之滨游玩，突然有使者来报："相国晏婴病得很重，随时有生命危险。"

景公一听，马上命令驾车技术十分高超的田骅、韩枢以最快的速度驾车往国都赶。可是，马车才行了几百步，景公就抱怨跑得太慢。他干脆跳下车，用两只脚赶路，马车反而只好慢吞吞地跟随在后面走。齐景公原想早点赶到国都，反而更慢了。这个故事就叫作"欲速不达"。

急于求成的人往往性格急躁，做一件事情就恨不能马上做好。无论在什么地方，你时时可以听见他们在口头上喊："效率！效率！"的确，在现代社会，效率至上，每一个人都应该追求效率，但是过分追求效率，就会丧失目的性，追求效率就成了冒进。

（2）做事缺乏周密的思考与规划

急于求成的人做事情最关心的就是一个"快"字，他们清楚地认识到当今市场竞争是多么激烈，唯有以快才能取胜。他们干起活来不分昼夜，他们做工作有绝对的热情，他们要求手下也像他们一样地热情与拼命。可是他们却忽视了一件事情，要想成功，仅有热情与吃苦耐劳是不够的，还需要缜密的思索，全面的分析，制定切实可行的规划，然后才能一步一步实施下去，才能顺利达成目的。否则的话，只能导致失败。

（3）容易被胜利冲昏头脑

欧里庇德斯在 2500 年前曾说过："上帝要想毁你，首先就会用胜利冲昏你的头脑。"一个急于求成的人容易被短暂的胜利冲昏头脑，走向失败的深渊。

世界战争史中有很多因骄傲轻敌导致失败的例子。同样，这种例子在如今的经济社会中更是层出不穷。2001 年的春天，思科公司猛然遭受了惊人的重挫。说惊人，不仅仅是因为其速度之快、数字之大（它的股票一年之内跌了 88%），而且因为它不是一般的公司，它是一向被人们认为前途无量的思科。

不但如此，直到已经有迹象表明大事不好的时候，思科的管理者们还沉醉在玫瑰色的遐想之中。公司的客户开始倒闭，供应商们也在发出警告：需求可能会萎缩，竞争对手纷纷落马，甚至连华尔街都在怀疑网络设备市场是否已经急转直下。而此时思科在想什么？

好心态成就好人生

"对于整个行业以及思科的未来，我从来没有什么时候比现在更加乐观。"这是 2000 年 12 月约翰·钱伯斯的原话，当时他还在预测第二年公司的业绩又会有 50% 的增长。

钱伯斯为什么对自己的计划如此乐观，按照人文心理学家马斯洛的观点，人们是不会轻易让自己的思维模式投降服输的。"就算他们觉察到有一些不对劲的迹象，他们也常常会把它置之脑后。直到最后他们最终碰上了一桩强烈到无法忽略，清晰到无可辩驳，痛苦到无可置疑的事实，而且这一事实残酷地验证了先前的那些征兆时，才会迫使他们打破自己长年累月、小心翼翼建立起来的心目中的世界。"

对于豪情万丈的钱伯斯来说，不到 2001 年 4 月份，铁一般的事实就来了：一落千丈的销售业绩迫使公司吞下 250 亿美元的闲置库存，并且裁员 8500 人。

由此可见，不论是普通人，还是那些有很多成功经历的企业家，都容易被胜利冲昏头脑，其结果就是在速成心理的促使下步入失败的歧途。

在速成心态的驱使下，往往会使人们浅尝辄止，这也不利于我们自己目的的达成。关于浅尝辄止有这么一个小故事。

古时候有兄弟二人，很有孝心，每日上山砍柴卖钱为母亲治病。神仙为了帮助他们，便教他们二人，可用四月的小麦、八月的高粱、九月的稻、十月的豆、腊月的雪，放在千年泥做成的大缸内密封四十九天，待鸡叫三遍后取出，汁水可卖钱。兄弟二人各按神仙教的办法做了一缸。

待到四十九天鸡叫二遍时，老大耐不住性子打开缸，一看里面是又臭又黑的水，便生气地洒在地上。老二坚持到鸡叫三遍后才揭开缸盖，里边是又香又醇的酒，所以"酒"与"洒"字差了一小横。当然，酒字的来历未必是这样。但这个故事却说明了一个深刻的道理：成功与失败，平凡与伟大，往往没有多大的距离，就在一步之间，咬紧牙关向前迈一步就成功了；停住了，泄气了，只能是前功尽弃。这一步就是韧劲的较量，是意志力的较量。

有谁能想到显微镜的发明者竟是荷兰西部一个小镇上的门卫，他叫万·列文霍克。为了让时光不会因在门卫这个无所事事的岗位上浪费掉，他选择了学习用水晶石磨放大镜片，磨一副镜片往往需要几个月的时间，为了不断提高镜片的放大度数，他一面总结经验，一面不间断地磨着。尽管人们不愿干这种单调重复的劳动，但他并不厌倦，几十年如一日。直到第六十年时，他终于磨出了能放大三百倍的显微镜片，使人类第一次发现了细菌。于是他成了举世闻名的发明家，受到了英国皇家的奖励。难以想象，60年的岁月，一种单调的重复劳动，这需要多么大的韧性！

古人云："锲而不舍，金石可镂；锲而舍之，朽木不折。"成功人士之所以成功的重要秘诀就在于，他们将全部的精力、心力放在同一目标上。许多人虽然很聪明，但存心浮躁，做事不专一，缺乏意志和恒心，到头来只能是一事无成。

欲速则不达

你越是急躁，越是在错误的思路中陷得更深，也越难摆脱痛苦。

——卡罗琳

古代有一个年轻人想学剑法。于是，他就找到一位当时武术界最有名气的老者拜师学艺。老者把一套剑法传授与他，并叮嘱他要刻苦练习。一天，年轻人问老者："我照这样练习，需要多久才能够成功呢？"老者答："三个月。"年轻人又问："我晚上不去睡觉来练习，需要多久才能够成功？"老者答："三年。"年轻人吃了一惊，继续问道："如果我白天黑夜都用来练剑，吃饭走路也想着练剑，又需要多久才能成功？"老者微微笑道："三十年。"年轻人愕然……年轻人练剑如此，我们生活中要做的许多事情同样如此。欲速则不达，遇事除了要用心用力去做，还应顺其自然，才能够成功。

生活中有许多性格急躁的老板，做一件事情就恨不能马上做好。在他的眼里，当年"深圳速度"三天一层楼还嫌慢，巴不得一天就把整栋大楼盖起来。在公司里，你时时可以听见他们怒气冲冲地咆哮："效率！效率！"你时时可以看到他们跟在下属的后面，恨不能用鞭子赶着下属干活。本来现代社会，效率至上，每一个人都应该追求效率，但是过分追求效率，就变成了急躁，就变成了冒进。

急于求成的老板做事情最关心的就是一个"快"字，他们清楚地认识到当今市场竞争是多么激烈，唯有以快才能取胜。他们干起活来不分昼夜，他们做工作有绝对的热情，他们要求手下也像他们一样的热情与拼命。可是他们却忽视了一件事情，要想成功，仅有热情与吃苦耐劳是不够的，还需要缜密的思索，全面地分析，制定切实可行的规划，然后才能一步一步实施下去，直至成功。否则的话，跟那个揠苗助长的家伙又有什么区别呢？

急于求成的老板就像一个有勇无谋的将军，他们勇冠三军，最喜欢冲锋陷阵，只想一个冲锋就生擒敌军首领。可是这种事情几乎就没有发生过，他们最终也不过是一介武夫，真正克敌制胜的主角，还是那个摇着鹅毛扇，看来不慌不忙的军师呢。

没有谁比华尔街更喜欢成功的故事。而在20个世纪90年代末，没有谁的成功故事会比朗讯CEO里奇·麦克金讲得更动听。他最知道怎样取悦华尔街——它喜欢爆炸性的飞速增长，而作为回报，华尔街也把麦克金和他的团队捧成了天皇巨星。

但是当麦克金忙于在华尔街面前搔首弄姿的时候，他至少忽略了来自另外两方面的声音。首先是朗讯的科学家们，他们一直担心公司会错过一项新的光通信技术OC-192的开发，这项技术可以加快通讯过程中语音和数据之间的转换速度。他们曾经非常自信地为这项技术的研发辩护，但最终却只能眼睁睁地看着老对手加拿大北方电信在OC-192项目上取得辉煌的成功。另外，麦克金还忽视了来自营销队伍的声音。听取他们的声音，他本来可以让公司的增长目标变得更加现实。要知道，为了达到麦克金对华尔街许下的那些不切实际的目标，公司的销售队伍已经在"寅吃卯粮"，他们给客户低得可怕的折扣，为客户提供过分慷慨的贷款安排，而更要命的是这些客户大多都是些前途未卜的网站。

这种代价高昂的繁荣自然持续不了多久。朗讯的股票一转眼跌去了80%。董事长亨利·肖特最终不得不换掉了麦克金。当他痛定思痛的时候，说了这样一段话："股价只是个副产品，股价不是推动力。每当我们忘记了这一点，就必定会有一段惨痛的经历接踵而来。"

自古以来，欲速则不达。作为公司，要想在市场上有所作为，必定要先经过周密的准备布置，然后按照市场规律一步一步脚踏实地地奋斗，最终才有可能取得好成绩。

举一个一般的常识。大家都知道，如果你想上马一个项目，那么你必须经过这么几个阶段：前期的市场调查，详细考察当前的市场情况，掌握大量的一手资料，作为自己下一步开发项目的基础；拿出完善的方案，在市场调查的基础上，经过深思熟虑，形成完善的方案；周密的准备工作，有了方案，就得按照方案，进行事前周密细致的准备工作，包括工具、材料、设备、人员等等各方面；最后才是认认真真地实施阶段。

只有每一步都做得充分到位，你所要上马的项目才可能成为一个成功的项目，才能创造效益。要是你有了一个想法，就马上迫不及待地去进行，那么，且不要说创造效益，你的本钱能不能保住都是个问题。

心急吃不得热豆腐，若是老板急于求成，那么手下虽然看来每天加班加点，忙死忙活，最后却极有可能要承受失败的痛苦。

急躁让你"千日一里"

事业常成于坚忍，毁于急躁。

——萨迪

吕子明白衣渡江，收回荆州，可谓了不起的一大胜利，须知为收荆州吴国费了多少周折！

建安十一年底，赤壁大战结束，周瑜听说诸葛亮乘机占了荆州，当下气得大叫一声，金疮迸裂，"几郡城池无我分，一场辛苦为谁忙"。为夺荆州，吴国不惜用吴侯之妹去施美人计，计败，周瑜第二次被气昏过去。又施假途灭虢之计，又未得逞，周瑜终于被气死了。

经鲁肃，至吕蒙，吴国才收回荆州，这已是建安二十四年的事了。

荆州当年相当富庶，战略地位比我们现代人想象的还要重要，甚至刘表因占据荆襄之地就十分满足，不思进取了。

吴国收复荆州，只是军事上的胜利，但在政治上却未必。当时魏国欲攻江南，荆州首当其冲，蜀国因占据荆州而替吴国把守门户，也促成了孙刘联盟，按当时的国力，只有两国结盟才能抵抗强魏。吴国收回荆州，不仅使自己失去了蜀国替自己设置的军事屏障，更使孙刘联盟破裂，相互攻伐，魏国坐收渔人之利。可以说，荆州这一胜利，导致吴同走上了国势衰颓，甚至灭亡之路，若不收荆州，蜀国只得替自己把守门户，抵挡魏国军事压力。

战役不等于战略，战略不等于政略，战役胜利不等于战略胜利，更不等于政略胜利。古今中外不少事例说明这一点。

1941 年日本政府决定突袭美军驻太平洋基地——珍珠港。12 月 7 日日本发动的珍珠港战役获得巨大成功，美军战舰被击沉 4 艘，重创 1 艘，炸伤 3 艘，炸沉其他船只 10 余艘，击毁飞机 260 余架，死伤人员 4500 多人。而日本仅损失飞机 29 架，潜艇 6 艘，死伤 200 人。日本在突袭珍珠港的同时，兵分五路，向东南亚和西太平洋进攻。英国 2 艘战船威尔斯亲王号和却敌号在新加坡附近被击沉，失去了在远东的主要力量。美国在菲律宾失守后只得将远东陆军司令部撤至澳大利亚。到 1942 年 6 月，日军占领了东南亚和西太平洋广大地区。

但这一胜利，导致了日本甚至整个德、意、日轴心国更快走向灭亡。美、英在珍珠港事件后决心参加反法西斯战争。1941 午 12 月，两国首脑举行"阿卡迪亚会议"，提出组建反法西斯国家联盟，后经中、苏等国协商，1942 年 1 月 1 日有 26 个国家共同签署《联合国家宣言》，宣告的第一事项是"每一政府保证用军事和经济的全部资源，以对抗三国同盟成员及其仆从国"，随后又有 21 个国家加入。法西斯的末日终于到来了。日本以珍珠港战役的胜利换来了战略的失败。

这里，我们想到了孔子的名言："无欲速，无见小利。欲速，则不达；见小利，则大事不成。"人做事眼光要远一点，不仅要看到近期的得失，还要看到长远的影响。目光太短浅，有时是要命的缺点。

正确评估自己的能力

生命的价值取决于我们自身，除了自己，没人能让我们贬值。

人生最大的荣耀，不在于掌声、名利或权势。掌声会停，名利、权势也终究是过眼云烟。倒不如试着学习认识自己的潜能，对自己的言行负责，并在设定方向之后，不畏艰辛，努力不懈地追寻，一旦真的找到了最能感动自己灵魂的"那一个音符"，必得人生至乐！

一位和尚跪在一尊高大的佛像前，正无精打采地背诵经文。长期的修炼并未使他立地成佛，他为此而苦闷、彷徨，渴望解脱。正好，一位云游四方的哲学家来到他身旁。

"尊敬的哲人，久仰久仰！弟子今日有缘见到你，真是前世造化！"和尚来不及站起，激动得颤颤巍巍地说，"今有一事求教，请指迷津：伟人何以成其伟人？比如说，我们面前的这位佛祖……"

"伟人之伟大，是因为我们跪着……"哲学家从容地说。

"是因为……跪着？"和尚怯生生地瞥了一眼佛像，又欣喜地望着哲学家，"这么说，我该站起来？"

"是的！"哲学家打了一个起立的手势，"站起来吧，你也可以成为伟人！"

"什么，你说什么？我也可以成为伟人？你……你……你这是对神灵、对伟人的贬损！"说着，和尚双手合十，连念了两遍"阿弥陀佛"。

"与其执着拜倒，弗如大胆超越！"哲学家说罢头也不回地走了。

"超越？啊！"和尚听了哲学家的话如惊雷轰顶，"这疯子简直是亵渎神灵，玷污伟人！罪过！罪过！"说着，虔诚之至地补念了一遍忏悔经，又跪下了。

迷信乃至崇拜偶像，以至失去自我，泯灭个性和做人的本色，这是世人的悲哀。更为悲哀的是身在迷信之中而不知其迷信，最终被其毒害乃至扼杀。你看别人伟大，那是因为你跪着。生活中许多人之所以活得不尽如人意，是因为老在别人的背影中生活。只有勇敢地站起来，站成一棵参天大树，才能与日月争辉，傲视苍穹。

如同伟大的作曲家心无旁骛、孜孜不息地寻找一个最能撼动他的音符一样，不管是从事何种职业的人，那最令人满足、安慰的时刻，的确是在历尽"千山万水"，终于"柳暗花明"找到了自己的"音符"的一瞬间。登山者攀越高峰，流着血汗，一步一个脚印地爬上去，面对挑战，战胜挑战，达到顶峰，那一刻的心灵震撼，绝对是无可比拟的！尺有所短，寸有所长。聪明人总是将自己的特长与能力发挥到极致。

最大挑战是挑战自己

胜己比胜人更加光荣。

——毛姆

一个人只要具备了敢于挑战自己的素质，就能做成在这个世界上能做的任何一件事。

在日本有一个学业成绩优秀的青年，去报考一家大公司，考试结果名落孙山。这位青年得知这一消息后，深感绝望，顿生轻生之念。幸亏抢救及时，自杀未遂。不久传来消息，他的考试成绩名列榜首。是统计考分时，电脑出了差错，他被公司录用了，但很快又传来消息，说他又被公司解聘了，理由是一个人连如此小小的打击都承受不起，又怎么能在今后的岗位上建功立业呢？这个青年虽然在考分上击败了其他对手，可他没有打败自己心理上的敌人，他的心理敌人就是惧怕失败，对自己缺乏信心，遇事自己给自己制造心理上的紧张和压力。

美国有位叫凯丝·戴莱的女士，她有一副好嗓子，一心想当歌星，遗憾的是嘴巴太大，还有暴牙。她初次上台演唱时，努力用上嘴唇掩盖暴牙。自以为那是很有魅力的表情，殊不知却给别人留下滑稽可笑的感觉。有一位男听众很直率地告诉她："暴齿不必掩藏，你应该尽情地张开嘴巴，观众看到你真实大方的表情，相信一定会喜欢你的。也许你所介意的暴牙，会为你带来好运呢！"

一个歌唱演员在大庭广众之下暴露自己的缺陷，首先是要用理智说服自己，还要有勇气打败自己。凯丝·戴莱接受了这位男听众的忠告，不再为暴齿而烦恼，她尽情地张开嘴巴，发挥自己潜能和特长，终于成为美国影视界的大明星。

在追求成功的道路上，我们发现一部分人失败了，而另一部分人却成功了。这其中的主要原因是：前者是被自己打败，而后者却能打败自己。

一个人要挑战自己。靠的不是投机取巧，不是要小聪明，靠的坚定的信心。世界著名的游泳健将弗洛伦丝·查德威克，一次从卡得林那岛游向加利福尼亚海湾。在海水中泡了16小时，只剩下一海里时，她看见前面大雾茫茫。潜意识发出了"何时才能游到彼岸"的信号，她顿时浑身困乏，失去了信心。于是她被拉上小艇休息，失去了一次创造纪录的机会。事后，弗洛伦丝·查德威克才知道，她已经快要登上了成功的彼岸，阻碍她成功的不是大雾，而是她内心的疑惑。是她自己在大雾挡住视线之后，对创造新的纪录失去了信心，然后才被大雾所俘虏。过了两个多月，弗洛伦丝·查德威克又一次重游加利福尼亚海湾，游到最后，她不停地对自己说："离彼岸越来越近了！"潜意识发出了"我这次一定能打破纪录！"的信号，她顿时浑身来劲，最后弗洛伦丝·查德威克终于实现了目标。

人有了信心，就会产生意志力量。人与人之间，弱者与强者之间，成功与失败之间最大的差异就在于意志力量的差异。人一旦有了意志的力量，就能战胜自身的各种弱点。

一个人有了信心，有了意志的力量，就具备了敢于挑战自己的素质，就能做成在这个世界上能做的任何事情。

人生最大的挑战就是挑战自己，这是因为其他敌人都容易战胜。唯独自己是最难战胜的。有位作家说得好："自己把自己说服了，是一种理智的胜利；自己被自己感动了，是一种心灵的升华；自己把自己征服了，是一种人生的成熟。大凡说服了，感动了，征服了自己的人，就有力量征服一切挫折、痛苦和不幸。"

■ 让劣势化为优势

世界上最大的事莫过于知道怎样将自己给自己。

——歌德

一位挑水夫，有两个水桶，分别吊在扁担的两头，其中一个桶有裂缝，另一个则完好无缺。在每趟长途挑运之后，完好无缺的桶，总是能将满满一桶水从溪边送到主人家中，但是有裂缝的桶子到达主人家时，却剩下半桶水。

两年来，挑水夫就这样每天挑一桶半的水到主人家。当然，好桶子对自己能够送满整桶水感到很自豪。破桶子呢？对于自己的缺陷则非常羞愧，他为只能负起责任的一半，感到很难过。

饱尝了两年失败的苦楚，破桶子终于忍不住，在小溪旁对挑水夫说："我很惭愧，必须向你道歉。""为什么呢？"挑水夫问道："你为什么觉得惭愧？""过去两年，因为水从我这边一路地漏，我只能送半桶水到你主人家，我的缺陷，使你作了全部的工作，却只收到一半的成果。"破桶子说。挑水夫替破桶子感到难过，他说："我们往主人家走的路上，我要你留意路旁盛开的花朵。"

果真，他们走在山坡上，破桶子眼前一亮，看到缤纷的花朵，开满路的一旁，沐浴在温暖的阳光之下，这景象使他开心了很多！但是，走到小路的尽头，它又难受了，因为一半的水又在路上漏掉了！破桶子再次向挑水夫道歉。挑水夫温和地说："你有没有注意到小路两旁，只有你的那一边有花，好桶子的那一边却没有开花呢？我明白你有缺陷，因此我善加利用，在你那边的路旁撒了花种，每回我从溪边来，你就替我一路浇了花！两年来，这些美丽的花朵装饰了主人的餐桌。如果你不是这个样子，主人的桌上也没有这么好看的花朵了！"

天生我材必有用。要勇于直面不完善的自我，要相信自己总有能做得很好的事情。自我容纳的人能够实事求是地看自己，能从自身条件不足和所处的不利环境的局限中解脱出来，去做自己想做的事。

把自己最弱的部分转化成强项，对任何人都很重要。

有一个 10 岁的小男孩，在一次车祸中失去了左臂，但是他很想学柔道。

最终，小男孩拜一位日本柔道大师做了师傅，开始学习柔道。他学得不错，可是练了三个月，师傅只教了他一招，小男孩有点弄不懂了。

他终于忍不住问师傅："我是不是应该再学学其他招数？"

师傅回答说："不错，你的确只会一招，但你只需要会这一招就够了。"

小男孩并不是很明白，但他很相信师傅，于是就继续照着练了下去。

几个月后，师傅第一次带小男孩去参加比赛。小男孩自己都没有想到居然轻轻松松地赢了前两轮。第三轮稍稍有点艰难，但对手还是很快就变得有些急躁，连连进攻，小男孩敏捷地施展出自己的那一招，又赢了。就这样，小男孩迷迷瞪瞪地进入了决赛。

决赛的对手比小男孩高大、强壮许多，也似乎更有经验。有一度小男孩显得有点招架不住，裁判担心小男孩会受伤，就叫了暂停，还打算就此终止比赛，然而师傅不答应，坚持说："继续比赛！"

比赛重新开始后，对手放松了戒备，小男孩立刻使出他的那招，制服了对手，由此赢了比赛，得了冠军。

回家的路上，小男孩和师傅一起回顾每场比赛的每一个细节，小男孩鼓起勇气道出了心里的疑问："师傅，我怎么就凭一招就赢得了冠军？"

师傅答道："有两个原因：第一，你几乎完全掌握了柔道中最难的一招；第二，就我所知，对付这一招唯一的办法是对手抓住你的左臂。"

有的时候，人的某方面缺陷未必就永远是劣势，只要善加利用，或者扬长避短，劣势也会转化成优势。

金无足赤，人无完人。每个人都会有自己的劣势和缺陷，有些人面对自己的缺陷，总是想办法遮掩，害怕别人的嘲笑，这样做往往适得其反。正确的态度是坦然面对自己的缺陷，不有意掩饰，敢于挑战自我，并根据自己的具体情况确立自己的目标，就有可能避开自己的缺陷，甚至可能将劣势转化成优势。

确定你是对的，就勇往直前

勇敢地走你自己认为正确合理的道路。

——罗曼·罗兰

既然你确定了是对的，就决不能妥协。

塞蒙·纽康出生于 1835 年，卒于 1909 年。在莱特兄弟首次飞行成功前一年半。他说了以下的"名言"："想叫比空气重的机器飞上天，不但不可能，而且毫不实用。"

约翰·莱特福特不但是个博士，而且当过英国剑桥大学副校长。在达尔文出版《物种起源》这部名著前夕，他郑重指出："天与地，在公元前 4000 年 10 月 23 日上午 9 点诞生。"

狄奥尼西斯·拉多纳博士生于 1793 年，曾任伦敦大学天文学教授。他的高见是："在铁轨上高速旅行根本不可能，乘客将不能呼吸，甚至将窒息而死。"

1786 年，莫扎特的歌剧《费加罗的婚礼》初演，落幕后，拿波里国王费迪南德四世，坦率地发表了感想："莫扎特，你这个作品太吵了，音符用得太多了。"

国王不懂音乐，我们可以不苛责，但是美国波士顿的音乐评论家菲力普·海尔，于 1873 年表示："贝多芬的第七交响乐。要是不设法删减，早晚会被淘汰。"

乐评家也不懂音乐，但是音乐家自己就懂音乐吗？柴可夫斯基在他 1886 年 10 月 9 日的日记上说："我演奏了勃拉姆斯的作品，这家伙毫无天分，眼看这样平凡的自大狂被人尊为天才，真教我忍无可忍。"

有趣的是，乐评家亚历山大·鲁布，1881 年就事先替勃拉姆斯报了仇。他在杂志上撰文表示："柴可夫斯基一定和贝多芬一样聋了。他运气真好，可以不必听自己的作品。"

1962 年，还未成名的披头士合唱团，向英国威克唱片公司毛遂自荐，但是被拒绝。公司负责人的看法是："我不喜欢这群人的音乐，吉他合奏已经太落伍了。"

艾伦斯特·马哈曾任维也纳大学物理学教授，生于 1838 年，卒于 1916 年。他说："我不承认爱因斯坦的相对论，正如我不承认原子存在。"

爱因斯坦对以上批评并不在意，因为早在他 10 岁于慕尼黑念小学的时候，任课老师就对他说："你以后不会有出息。"

严格说来，遭人反对、小看不是坏事，这可以提醒我们争取进步。可是，人身攻击就令人难以忍受了。

法国小说家莫泊桑，曾被人批评为："这个作家的愚蠢，在他眼睛上表露无遗。那双眼珠，有一半陷入上眼皮，如在看天，又像狗在小便。他注视你时，你会为了那愚蠢与无知，打他一百记耳光仍觉吃亏。"

就算西方文学的大宗师莎士比亚，也有阴沟翻船的时候。以日记文学闻名的法国作家雷纳尔，1896 年在日记中说："第一，我未必了解莎士比亚；第二，我未必喜欢莎士比亚； 第三，莎士比亚总是令我厌烦。"1906 年，他又在日记中说："只有讨厌完美的老人，才会喜欢莎士比亚。"

这位雷纳尔先生爱说俏皮话，他在 1906 年的日记中说："你问我对尼采有何看法？我认为他的名字里赘字太多。"连名字都有毛病，文章如何自不待言。

英国作家王尔德，也以似通不通的修辞技巧，批评萧伯纳说："他没有敌人，但是他的朋友都深深地恨他。"

思想家卢梭 54 岁那年，即 1766 年，被人讽刺为："卢梭有一点像哲学家，正如猴子有点像人类。"

戴维·克罗克特有一句很简单的座右铭："确定你是对的，然后勇往直前。"

每一个人，无论是贩夫走卒还是英雄人物，总有遭人指责的时刻。事实上，越成功的人，受到的非难就越多。只有那些什么都不做的人，才能免除别人的指指点点。真正成熟的男子汉不会在乎别人说什么，认准了就去做就是了。

剔凿生命的石屑

常常看到自己有不是处，学问便有进无退。

——申涵光

敢于剔凿掉自己的缺点和不足，不断割舍生命中多余的"石屑"——这样的人生才能凸现生命的质感，镂刻出别样的景致。

孔子年轻的时候，很喜欢到他隔壁的邻居家去。他的邻居是一位技艺精湛的老石匠，一块块岩石经过他的刻凿，便成了千姿百态栩栩如生的花鸟石刻。

一天，孔子又踱至邻家，那个老石匠正叮叮当当为鲁国一位已故大夫刻石铭碑。孔子叹息道："有人虚生一世，与草木同朽，有人却把自己刻进了碑石，写了史册里，这样的人真是不虚此生啊！"

老石匠停下锤，问孔子说："你是想一生虚如云影，还是想把自己的名字铭进碑石，流芳千古？"孔子长叹一声说："一介草木之人，想把自己刻到一代一代人的心里，那不是比登天还难吗？"老石匠听了，摇摇头说："其实并不难啊。"他指着一块坚硬又平滑的石块说："要把这块石坯刻成碑铭，就要雕琢它。"老石匠说完，就一手握凿一手挥锤叮叮当当地凿起来，一块块石屑很快在锤子清脆的敲击声中飞起来。不一会儿，岩石上便现出了一朵栩栩如生的莲花图案。老石匠说，如果想使这个图案不容易被风雨抹平，那就要凿得更深些，要剔掉更多的石屑。只有剔凿掉许多不必要的石屑，才能成为浮碑铭。

"石屑"当然是一个喻指。每个人身上多多少少都会具有不足之处，敢于挑战自己的缺点并加以克服，我们才能离成功的人生越来越近。

好心态成就好人生

　　一个懒惰而不思进取的年轻女孩，四处寻找能够克服她凡事提不起劲的良方，却是一直遍寻不获；经过辗转的介绍，年轻人终于找到一位传说中的大师。

　　大师听完女孩说明来意之后，笑着点了点头，也不多说话，便引导女孩来到附近的铁路旁边。

　　一个老式的蒸气火车头，此时正停在铁轨上。女孩到了这个地方，不明白大师的用意，只得安静而慵懒地站在一旁，不敢作声。

　　大师手中拿着一块大小约有五英寸见方的小木块，走到铁轨边，将小木块轻轻地放在火车轮子与铁轨之间，让那木块紧紧地卡着火车头的轮子。

　　随后，大师朝着蒸气火车头的驾驶员挥了挥手，示意要他开始启动火车头。只听得汽笛高声响起，蒸气火车头的烟囱开始冒出浓浓的白烟，锅炉烧得正红，蒸气火车头的马力已然全开。

　　女孩子静静地站在一旁，看着驾驶员指挥手下，不断地朝锅炉中添加煤炭，同时将蒸气火车头的动力开到最大。可是，蒸气火车头依然丝毫不动。

尽管驾驶员用尽各种方法，仍然无法使蒸气火车头开始前进。这时，大师又走到铁轨旁，将那块塞住车轮的木块取下，只见整个蒸气火车头立时动了起来，缓缓加速前进。

大师朝着那位驾驶员挥手道别，转过头来，笑着对女孩道："当这辆蒸气火车头在铁轨上全力加速之后，时速可以达到100公里以上，再加上它本身的重量，连一堵五英尺厚的实心砖墙，都能够冲得过去！"

大师扬了扬手中的小木块，继续道："可是，当火车头停止在铁轨上时，却只要这样一小块木头，就能让它寸步难移。孩子，你内心的蒸气火车头，又是被什么样的小木块所阻住了呢？除了你自己之外，没有任何人能帮你拿掉你的惰性，当然也包括我在内。"

女孩听了大师的一番话，内心大受震撼。从此以后，她不断地动，绝不让自己停顿下来。她不仅克服了自己的惰性，更创造了无比惊人的事业。

有人说过，一个人成功路上能收获多少，有时不取决于优点发挥的多寡，而在于对自身弱点克服的程度。故事中的"小木块"的譬喻和"石屑"显然是一致的，要雕刻出令自己满意的浮碑铭，就请勇敢地举起手中的刻刀！

专注更容易成功

世界上没有任何可以坐享其成的事情，凡事若要想取得成功，就必须脚踏实地去做。成就一生最根本的一条法则就是，把精力集中在所做的事情上，想办法把事情做好，而不去理会那些与事情无关的东西。

一群蛤蟆在进行竞赛，看谁先到达一座高塔的顶端。周围有一大群围观的蛤蟆在看热闹。竞赛开始了，只听到围观者一片嘘声："太难为它们了！这些蛤蟆无法达到目的，无法达到目的。"蛤蟆们开始泄气了。可是还有一些蛤蟆在奋力摸索着向上爬去。

围观的蛤蟆继续喊着："太艰苦了！你们不可能到达塔顶的！"其他的蛤蟆都被说服停下来了，只有一只蛤蟆一如既往继续向前，并且更加努力地向前。

比赛结束，其他蛤蟆都半途而废，只有那只蛤蟆以令人不解的毅力一直坚持了下来，竭尽全力达到了终点。

其他的蛤蟆都很好奇，想知道为什么它就能够做到！

大家惊讶地发现——它是一只聋蛤蟆！

别人永远只是别人，任何人都不能代替你自己，都不如你自己了解自己。觉得自己行的话，就不必在乎别人怎么说，自己证明给自己看。毕竟，成功与否只是自己的事，与别人无关。所以，成功的准则之一是——适当的时候，做一个"聋子"。

对那些与我们实现目标无关或是阻挠我们前进的人和事，必须做到不去看、不去听；只有这样，才能把生命的全副力量集中在有建设性的一个方向上，这样我们才不会与成功错过。有时候，获得成功的秘诀可以简单到只需要戴上一副"眼罩"，及一对"耳塞"。

专注工作

学贵专，不以泛滥为贤。

——程颐

专注工作，不仅仅是为了对老板有个交代，更重要的一点，专注工作是一种使命，是一个职业人应具备的职业道德。

小李本科毕业后被分配到一个研究所，这个研究所的大部分人都具备硕士和博士学位，小李感到压力很大。

工作一段时间后，小李发现所里大部分人都不专注于本职工作，他们不是玩乐，就是搞自己的"第三产业"，把在所里上班当成混日子。

小李反其道而行之，他一头扎进工作中，从早到晚埋头苦干业务，还经常加班加点。小李的业务水平提高很快，不久成了所里的"顶梁柱"，并逐渐受到所长的重用，时间一长，更让所长感到离开小李就好像失去左膀右臂。不久，小李便被提升为副所长，老所长年事已高，所长的位置也在等着小李。

假若老板的周围缺乏专注工作者，你如果具有强烈的实干敬业精神，你自然能得到重视，受到提拔。专注工作，其实也就是敬业，把工作当成自己的事业，并对此付出全身心的努力，克服各种困难，做到善始善终。

初入职场的年轻人都有这样的感觉，认为自己做事都是为了老板，是在为老板挣钱，受老板剥削。他们认为反正为人家干活，能混就混，公司亏了也不用自己承担。其实，这样做对老板、对自己都没什么好处。

有个才华横溢的年轻人，对工作缺乏热情，不专注本职工作，总是消极散漫，与他一同进公司的同事都不同程度地得到了重用、提拔，只有他始终得不到老板的青睐。

事实证明，专注工作、具备敬业精神对自己是非常重要的。敬业的人能从工作中学到比别人更多的经验，而这些经验便是你向上发展的踏脚石，就算你以后换了地方，从事不同的行业，丰富的经验和好的工作方法也必会为你带来助力，你的敬业精神也会为你的成功带来帮助。因此，把敬业变成习惯的人，从事任何行业都容易成功。

有些人天生就具有敬业精神，任何工作一接手就废寝忘食，但有些人则需要培养和锻炼敬业精神。如果你自认为敬业精神还不够，那就强迫自己敬业，以认真负责的态度做任何事，让敬业精神成为你的习惯。

把敬业变成习惯之后，也许不能为你立即带来可观的收入，但可以肯定的是，如果你养成"不敬业"的不良习惯，你的成就就相当有限。因为你的那种散漫、马虎、不负责任的做事态度已深入你的意识与潜意识，对任何事都会有"随便做一做"的直接反应，其结果可想而知。如果一个人到了中年还是如此，很容易就此蹉跎一生。当然也说不上由弱变强，改变一生的命运了。

专注是成功之本

人的思想是了不起的。只要专注于某一项事业，那就一定会做出使自己吃惊的成绩来。

——马克·吐温

我们知道一个人要想成功，首先要确立一个奋斗目标，然后更重要的是将目标付诸实施，但是，这些远远不够，最为重要的为目标的专心致志地工作。也就是我们所说的做事一定要专注。

关于专注，中国民间的格言甚多。

鬓发励志，白首不衰。是说人到了满头白发时，还专注于少年选定的事业。

绳锯木断，水滴石穿，更是突出了专注无坚不摧的作用，令人奋发图强。所以又有：精诚所至，金石为开。

荀子反复说"用心一也"，就是讲专注。从今天的眼光看，除了有些事例不符合科学外，其阐明的专注与成功的道理，形象透彻，毋庸置疑。历史一再证明无专注即无成功。李白逃学遇老太婆磨铁杵的故事；唐代诗人贾岛，路上入迷地推敲诗句，迎面撞着韩愈的"推敲"故事；美国大发明家爱迪生，5万次实验终于发明电灯的故事；法国作家福楼拜写《包法利夫人》，写到美丽女主人服毒自杀时，他竟然闻到砒霜的气味，入迷竟至如此⋯⋯

做事专注，结果如此。在专注的心态下，一件事、一桩事业，从一开始便一步步有条不紊走向成功。

但做事态度专注，还有两大事实值得注意，那就是乐趣与自娱。

生活中，专注不是一种枯燥的实践。对于很多因专注而成功的人，在实际的做事与事业追求中他们做事专注，像小朋友搭积木，拆了做，做了拆，其乐无穷，乐在其中。辛劳惯了的农民，让他闲上三五天，他便心里发慌，不如在田里勤苦开心；作家爬格子苦不堪言，但如果一天不看书，不动笔，便会觉得魂不守舍。大抵各行当专注其事的人都如此。所以有位哲人说人生有一种境界：衣带渐宽终不悔，为伊消得人憔悴。换一句话说：事业即生命，为它受苦正是人生乐事。

做一行爱一行，乐在其中便是专注。因为有乐趣，专注便顺理成章。试问：有什么比有感情更能使人进入专注的角色呢？曹操之于权谋，李白之于诗酒，还有拿破仑之于战争与冒险，毕加索之于绘画。这些人专注其中，既完成自己的事业，也得到娱乐。若无自娱的乐趣或让他们放弃心领神会的乐趣，他们便不会有最后的成就。

所以，对事业的成功而言，专注既须明理，也须有感情引导。对一桩事有了感情的投入，理性便更彻底，行为更自然，于是，成败关键在握，苦乐之情亦为之一变。

■专注是一种使命

一个人做事不专，这样弄一点那样弄一点，既要翻译，又要做小说，还要做批评，并且也要作诗，这怎么弄得好呢？

——鲁迅

如果你身处职场，那么一心一意地专注自己的工作应当成为你不可或缺的品质。只要你能够专注于任何一件哪怕是极其微小的事情，那么成功也就会在你的前方向你招手了。

一个人从事某项工作，如果不能全神贯注，不能集中精神，就很容易出差错。

在亚特兰大举行的薛塔奇10公里长跑比赛中，赞助者为健怡可口可乐公司。为了促销产品，健怡可口可乐的商标显著地展示在比赛申请表格、媒体、T 恤衫比赛号码上。

比赛当天早上，大会的荣誉总裁比格斯站在台上说："我们很高兴有这么多的参赛者，同时特别感谢我们的赞助商健怡百事可乐。"站在比格斯背后的可口可乐公司代表极为愤怒："是健怡可口可乐，白痴！"超过 1000 位的参赛者一片哗然……

当时比格斯感到万分的羞辱和懊悔。他事后说："我知道是可口可乐，但是我当时分心走神了，结果洋相百出，给人留下了笑柄，可口可乐公司也对我不满，就是在那要命的一天，我知道了专注的重要性。"

比格斯的教训告诉我们，一个人如果无法专注工作，那么不管他的工作条件有多好，他都会让成功的机会从身边溜走。这种道理在我国古代也有实例。

孔子带领学生去楚国采风。他们一行从树林中走出来，看见一位驼背翁正在捕蝉。他拿着竹竿粘捕树上的蝉，就像在地上拾取东西一样自如。

"老先生捕蝉的技术真高超。"孔子恭敬地对老翁表示称赞后问："您对捕蝉想必是有什么妙法吧？"

"方法肯定是有的，我练捕蝉五六个月后，在竿上垒放两粒粘丸而不掉下，蝉便很少逃脱。如垒三粒粘丸仍不落地，蝉十有八九会被捕住；如能将五粒粘丸垒在竹竿上，捕蝉就会像在地上拾东西一样简单容易了。"

捕蝉翁说到此处，捋捋胡须，严肃地对孔子的学生们传授经验。他说："捕蝉首先要学练站功和臂力。捕蝉时身体定在那里，要像竖立的树桩那样纹丝不动；竹竿从胳膊上伸出去，要像控制树枝一样不颤抖。另外，注意力高度集中，无论天大地广，万物繁多，在我心里只有蝉的翅膀，我专心致志，神情专一。精神到了这番境界，捕起蝉来，还能不手到擒来、得心应手么？"

大家听完驼背老人捕蝉的经验之谈，无不感慨万分。孔子对身边的弟子深有感触地议论说："神情专注，专心致志，才能出神入化、得心应手。捕蝉老翁讲的可是做人办事的大道理啊！"

驼背翁捕蝉的故事让我们明白了一个真理：对工作专心致志，心无旁骛，才能出色地完成工作，取得成功。

我们在做某项工作时，要全身心地投入，千万不要三心二意，要知道心不在焉是成功的克星。如果你能认真到忘我的程度，就会体会到工作的乐趣，就能克服困难，达到他人所无法达到的境界，并得到应有的回报。

1945 年 7 月的一个星期一的早晨，世界第一枚原子弹在美国新墨西哥沙漠爆炸。40 秒钟后，强烈、持久、令人可怕的爆炸声传到了基地营，第一个有所反应的是 1938 年诺贝尔物理奖获得者恩里科·费米。他先是把预先准备好的碎纸片举到头顶撒下，碎纸纷纷飘到他身后约 2 米处。经过一番测算，费米宣称这颗原子弹的威力相当于 1 万吨黄色炸药。数星期后。精密仪器对震波的速度、压力进行分析，果然证实了费米的准确判断。

然而，事后费米夫人问他爆炸时的情景，费米竟说他曾看到闪光，但并没有听到声响。"没听到声响，这怎么可能呢？"他的夫人惊愕了。

费米解释道："我当时只注意撒小纸片了……"

当原子弹爆炸时，费米把全部注意力都集中到撒碎纸片上，竟然连眼前"一声巨大的霹雳"、"威力相当于几千万颗巨型炸弹爆发出的、令人可怕的爆炸声"都没听到，这是一种多么罕见、多么令人难以置信的专注力啊！

如果一个人集中所有的精力和心志去坚持不懈地追求一种值得追求的事业，那么，他的生命就绝不可能失败。把子弹扔出去，它穿不透一个帐篷；但如果把它射出去，它可以穿透橡木板。加上足够的力，子弹可以从 4 个人身上穿过。把阳光聚焦在一点，在冬天也可以轻易地燃起一团火焰。

专注的力量是惊人的，集中精神在忘我的境界里专注工作，做起事来不仅轻松、有效率，而且也更能把事情做好。当你在做一件事时，如果你不能全神贯注，不能顺利地完成工作，你也不要去寻找别的原因，唯一的原因就在于你做事还不够专注。

当今时代，做事是否专注，已成为衡量一个人职业品质的标准之一。一些企业文化提倡"爱岗、敬业"，倡导"干一行、专一行"，而我们在工作中能够做到专注，全身心地投入，便是务实、敬业最基本、最实在的体现。如果上班做事时脑子里还想着球赛、彩票、电影、股票等等一些与工作无关的东西，连最基本的"专注"都做不到，如此身在曹营心在汉，何谈爱岗，又何谈敬业？更不用提精与专了！

只有把专注工作当作工作的使命并努力去做，养成专注工作的好习惯，你的工作才会变得更有效率，你也更能乐于工作，而且还更容易取得成功。对每一个职场人士来说，这无疑是再好不过的结果。

最伟大的人是那些全力以赴、锲而不舍的人，他们一锤又一锤地敲打着同一个地方，直到实现自己的愿望。我们这个时代的成功者是那些在自己的领域无所不知，对自己的目标坚定不移、做事专心致志、精益求精的人。

■ 专注是一把神奇的钥匙

全神贯注于你的目标，而不是你目前所处的环境。

——坦普尔顿

专注是人生成功的神奇之钥！

专注就是用心，这是成功者最重要的特质之一。如果你还没有用心，那么便会有危机产生——业绩不够好，就是你的态度不够认真；你没有认真地去用心来理解顾客的需求，解决顾客的需求，这是你没有把自己的心思专注地用在做好的事情上。而对一件事情用心的程度，将决定一个人成就的高度！

虽然今天的卡耐基是全世界公认的最成功的演讲大师，但是他并不是那种天才的演讲者，面对观众，他的恐惧并不比任何人少。为了不断克服自己的恐惧心理，他主动地与人交谈，尽量让自己在众人面前大声讲话，学着观察每个人的表情、反映，总结自己讲话的什么地方被人赞同，什么地方吸引人听，什么地方令人厌倦，什么方式能引起听者的兴趣……与此同时，他开始参加学校举办的演讲比赛，但结果总是令人失望，他一次又一次地遭到失败。一连12次的失败并没有让他放弃，相反，他以更大的力量去对抗失败，在家乡的大河边上，人们总会看到他瘦高的身影，不论是严冬，还是酷夏，他都在那里不停地念着、讲着。他讲到激动处，便会奋力地挥手，有时还会大声地叫喊出来。有一次，当他正在练习时，被一位路过的农民看见了，以为他是疯子，竟然跑去叫来了警察。

卡耐基的母亲心疼了，毕竟是自己亲生的孩子，她温柔地劝他："孩子，要是实在不行，咱们就换一种活法吧，天底下什么地方吃不了饭啊？"

卡耐基道："不，妈妈，你听过这样一个传说么？在北方极远的地方，有一位叫作'成功'的女神。有一天，来了一个人敲这女神的门。女神没有马上去开门，想让那个人再敲一下以验证对方的热情和专注的持久度，结果那敲门的人见这扇门不开，便转身去敲别的女神的门了。女神自言自语道：'如果他再敲一下，我就会让他进来的。'妈妈，我相信我自己，只要专注，成功女神一定会让我走进她的门的。"

后来的历史事实证明：卡耐基是对的！

卡耐基的成功说明，人不必为天生的才智如何过多烦恼，能否成功在于自身的努力和拼搏，当然，这其中少不了专注。

卡耐基走出了一条成功之路，难道我们今天连循着他的足迹向前走都做不到吗？我们只有站在前人的肩膀上向前看，我们才会看得更远。

无论做什么事，心无旁骛地完成自己已锁定的目标，才是重中之重。任何成功的伟人、英雄、军事家、企业家……他们除了拥有智慧与执着，更重要的是专注！

只有专注，才能全力以赴，更接近成功的目标。行为中拥有专注的心态是一个人走向成功之路必备的先决条件。

在现实社会中，做事专注，爱岗敬业的精神也一直为人们所称颂，敬业的典范更会受到人们高度的景仰，因为专注的敬业精神，需要能够经受挫折、坚持不懈、持之以恒的毅力；需要勇于迎接任何困苦、逆境而披荆斩棘的精神。

而有人在工作中遇到一点问题、一点挫折，就唉声叹气，看看别人，还是他们的岗位好啊，要是能换一换就好了，站在这山总觉得那山高，如此心态，当然做不到专注，也当然就不会有大的成功。

狼群之所以可怕，就是因为它们一旦锁定目标，即不受任何干扰，每一只狼都一往无前地专注于这个目标，奋不顾身地扑向这个目标！

把你的青春专注地投入到你工作中去吧。你会发现，你的收获竟然是那么的多！

十年磨一剑

无论做任何事情，都应遵循的原则是：追求高层次。你是第一流的，你应该有第一流的选择。

——拉·封丹

生活的旅程中，会有各种各样的诱惑向我们频频招手，试图诱使我们偏离对既定目标的追求——也是偏离对真理和自身职责的要求；但是，正如月亮虽然凭着借来的光华可以银光四射，流星虽然在天际璀璨耀眼，但它们都无法为迷路的旅人指示方向一样，我们也决不能让形形色色的诱惑迷住了双眼，我们应专注于我们所拥有的一切。

有一位胸怀大志的人，他在大学期间就立下了志愿：要熟练掌握5门外语。为了实现这一目标，他每天利用大量的时间来学习英、法、德、意、日语，每天不断地背诵，结果10年过去了，他所学的几门外语都还是初级水平。从这位朋友的身上，我们看到了四处出击、平均消耗注意力的恶果，假如他在10年的时间里，集中精力钻研一门外语，相信他一定能达到理想的效果。

中国古代的铸剑师为了铸成一把好剑，必须在深山中潜心打造十几年。有道是："十年磨一剑。"专注能够保证工作效率的最大的发挥，为了专心做好一件事，必须远离那些使你分散注意力的事情，集中精力选准主攻目标，专心致志地从事你的事业，这样才可能取得成功。

与这种分散精力的做法相对立的是孤注一掷，孤注一掷是专注的极端表现，对事业的专注不等于孤注一掷。

1831年，美国人希若斯发明了世界上第一台收割机，自此，国际收割机公司应运而生，并一举成为世界上最大的卡车、农机设备和工程机械的生产者之一，每年营业额达50亿美元。尽管国际收割机公司家大业大，却始终敌不过希尔公司和卡特皮勒公司。时至20世纪70年代，公司似乎只有招架之功而无还手之力了。竞争失利，前景不妙，公司主管们着急万分。

1971年，希若斯的侄儿布鲁克斯·麦克密克就任公司总裁。为了公司的兴旺，布鲁克斯孤注一掷，下了高额报偿契约的赌注。除5年合同，年薪46万美元，以及150万美元"签字即有的"红利契约外，公司提供180万美元贷款购买公司股票，若达到一定的业绩，可以不偿还贷款。1977年初，布鲁克斯将此"契约"放入口袋，开始了自己的专注行动，四下寻找救星。但毕竟他的行为有些冒险的成分。事实上，布鲁克斯最终并没有救活收割机公司。收割机公司在1980年营运损失达3.75亿美元。公司的资产减少到3.5亿美元。到1981年6月，公司的债务已超过20亿美元，并还在急剧增加，终于布鲁克斯被迫离职。由此可见，孤注一掷给事业带来的并非是持久永恒的力量，而是一种盲目冒险的短视行为。其实，在一种和谐的生活中，不管上帝赋予了你多么全能的天资，也不管你的学识修养多么的广博精深，但肯定会存在一种核心的精神，核心的才能，使得你的其他才干相对只是一种陪衬，并使他们各归其所，有恰如其分的表现之地。

专注是一种不可小视的力量，它会在你实现成功的过程中，起到不可估量的作用。